Evaluación Sinecológica de las Praderas

EDICIONES UNIVERSIDAD CATÓLICA DE CHILE
Vicerrectoría de Comunicaciones
Av. Libertador Bernardo O'Higgins 390, Santiago, Chile

editorialedicionesuc@uc.cl
www.ediciones.uc.cl

EVALUACIÓN SINECOLÓGICA DE LAS PRADERAS

Juan M. Gastó Coderch
Ivonne Aránguiz Andler
Fernando Cosio González

© Inscripción N° 298.816
Derechos reservados
Diciembre 2018
ISBN 978-956-14-2367-1

Diseño:
versión | producciones gráficas Ltda.

CIP - Pontificia Universidad Católica de Chile

Gastó C., Juan, 1935-, autor.
Evaluación sinecológica de las praderas: relaciones sinecológicas de la
comunidad pratense y significación en la evaluación del potencial productivo /
Juan M. Gastó Coderch, Ivonne Aránguiz Andler, Fernando Cosio González.
Incluye bibliografía.

1. Ecología de praderas – Chile.
2. Manejo de tierras de pastoreo – Chile.
3. Manejo de pastizales – Chile.
I. t.
II. Aránguiz Andler, Ivonne, autor.
III. Cosio G., Fernando, autor.

2018   577.40983 + dc 23   RDA

FACULTAD DE AGRONOMÍA
E INGENIERÍA FORESTAL

Evaluación Sinecológica de las Praderas

Juan M. Gastó Coderch
Ivonne Aránguiz Andler
Fernando Cosio González

EDICIONES UC

CONTENIDOS

PRESENTACIÓN

Tenemos el agrado de presentar este libro que pretende ser una versión corregida de la ardua tarea de investigación en el campo de las praderas y pasturas, los ecosistemas, los recursos naturales y la ecología del profesor Dr. Juan Gastó C.; con el fin de efectuar un aporte para todas las personas que trabajan con los ecosistemas de pastizales. El presente documento es el trabajo original elaborado por el Dr. Gastó, en el año 1970, en el Centro de Información de Zonas Áridas, Escuela de Agricultura "Antonio Narro", Universidad Autónoma de Coahuila, México. Por otra parte, se podrá descubrir que, a su vez, se reinstala el Sistema de Clasificación de Ecorregiones, Gastó, Cosio y Panario, 1993, y los conceptos que estos proponen, como un método moderno y sistemático, que contribuye a la ordenación de los ecosistemas y al estudio de los recursos naturales.

Los datos y valores que se presentan, fueron obtenidos a partir de la experimentación y la información bibliográfica que se encuentran plenamente vigentes, razón por la cual se propone su uso y difusión. Además, se incluye el procedimiento general que permite llevar a cabo las acciones requeridas para el conocimiento, estudio y descripción de la condición de los pastizales, concepto que se acuña y formaliza latamente.

Este libro lo pueden utilizar todas las personas interesadas en los temas referentes a pastizales y al medio ambiente, permitiéndoles realizar trabajos y tareas de manera sistemática y precisa. Confiamos en que este libro pasará a ser un buen material de estudio para las universidades, consultores, alumnos y todo aquel que lo requiera. Además, se incluye una enorme cantidad de datos, objetivos, que permiten tener una mejor comprensión del tema.

Se mantuvo la información original recabada, razón por la cual la información bibliográfica es relativamente antigua, lo que en ningún caso desmerece al trabajo, ya que es un aporte valioso y sustantivo, que a juicio de los autores tienen una validez permanente y actual. El generar una actualización desvirtúa el objetivo del presente documento, que recoge y mantiene la información y los datos que dieron origen a esta investigación.

Este producto es la consecuencia del trabajo de un grupo de investigadores, incluidos los autores, sobre evaluación de los pastizales y la ordenación del territorio de ecosistemas mediterráneos y estepáricos, el que fue desarrollado en conjunto por el Departamento de Ciencias Animales de la Pontificia Universidad Católica de Chile y el Instituto de Geografía de la Pontificia Universidad Católica de Valparaíso.

CAPÍTULO 1
ECOSISTEMA PRATENSE

Uno de los objetivos principales que se persigue en el manejo de praderas es mantener una productividad alta. Sin embargo, a menudo, no se conoce en términos cuantitativos la capacidad productiva de la pradera expresada en materia seca u otra unidad similar. Frecuentemente, se pretende conocer la salud ecológica de la pradera independientemente de su producción de tejido vegetal útil expresada en rendimiento de materia seca por unidad de superficie.

Concepto de Condición

La relación entre la productividad potencial de la pradera y la productividad potencial del sitio, se conoce como condición. Esta ha sido definida por Costello (1945) como "el estado de salud de la pradera", refiriéndose a su salud ecológica. Él aplicó esta definición en la forma más amplia, que incluye tanto la productividad del suelo, como a la vegetación en relación a lo que podría o debería producir bajo condiciones normales de clima y el mejor manejo que se pudiera practicar. El conocimiento de la condición es, según Bailey (1945), esencial para determinar la capacidad sustentadora y planificar el uso de la pradera. El Cuadro 1-1, por ejemplo, muestra varias comunidades uniformadas en las cuales la carga animal es menor cuando se trata de praderas más deterioradas.

La primera mención que se encuentra en literatura pratense sobre el concepto de condición proviene de Sampson, es en los años 1917 y 1919. Según él, el valor de la pradera como productora de tejido vegetal útil, está esencialmente determinado por la etapa de la sucesión. Posteriormente, el concepto de etapa de Sampson fue transformado por condición.

Cuadro 1-1. Capacidad sustentadora de algunas praderas estudiadas por Hutchings y Steward (1953), de acuerdo a su condición

Comunidad	Condición	
	Regular a buena Ha/oveja-mes	Pobre Ha/oveja-mes
Atriplex confertifolia – quenopodiaceae	1,42	2,31
Atriplex confertifolia – Eurotia lanata – quenopodiaceae	0,89	1,49
Artemisia nova – Atriplex confertifolia	0,40	0,89
Eurotia lanata – Chrysothamnus stenophyllus	0,46	1,13
Cerpocarpus betuloides	1,13	1,74
Eurotia lanata	0,40	0,97

Humphrey (1949), resumiendo las ideas de varios autores y organizaciones, afirmó que, básicamente hay dos puntos de vista para referirse a la condición de la pradera. Uno de ellos es el climático, que se refiere a las condiciones del clima del momento o muy reciente y su influencia en la producción de forraje. Cuando los factores ambientales responsables de la producción de tejido vegetal útil se han presentado en magnitudes favorables para inducir un buen desarrollo de la vegetación, se tiene buena condición de la pradera, o bien, bajo condiciones ambientales, especialmente climáticas, desfavorables, la condición es pobre. Este punto de vista no es de mucho interés para quien esté manejando la pradera.

El otro punto de vista, al cual se refiere Humphrey (1949) es el del potencial de la pradera. Él expresa que la condición de la pradera no es un estado temporal de ella y que, por lo tanto, expresa la producción real de la misma en relación al potencial del lugar. Una pradera en condición buena o excelente produce más tejido vegetal útil, bajo similares condiciones abióticas, que una pradera de condición pobre.

Originalmente, la condición de la pradera para un determinado sitio fue definida por Humphrey (1945 y 1947) como la condición presente de la pradera en relación a la producción que es posible obtener con el mejor manejo práctico. Sin embargo, posteriormente, en 1949, reconoció que aun cuando la clasificación de la condición debe estar basada principalmente en el porcentaje de la producción potencial, hay además otros factores que considerar. La relación que existe entre la potencialidad de producción de forraje y la producción en un determinado momento, fue determinada mediante el uso de indicadores, tales como, la composición botánica, el mantillo y otros.

Condición. Ha sido definida, también, en términos puramente ecológicos. Dyksterhuis (1949) la definió como: el porcentaje de la vegetación presente que es original para el sitio. Después de esto, el concepto ecológico ha sido el más ampliamente usado. Dyksterhuis ha indicado también que, al analizar la condición de la pradera, no debe considerarse el **monoclímax** como unidad de comparación, aun cuando se consideren períodos muy largos de tiempo. La teoría monoclimácica puede integrar más fielmente todos los componentes del ecosistema y, por lo tanto, representar a un bioma pratense más evolucionado y estable. Sin embargo, Dyksterhuis (1949) ha enfatizado que el concepto de condición tiene una base esencialmente policlimácica, mencionando especialmente el clímax edáfico, fisiográfico y climático. Cuando las praderas se desarrollan en suelos deteriorados o inmaduros, el lento proceso de la génesis del suelo puede hacer que la pradera sea clasificada en condición pobre, regular o buena, en lugar de condición excelente, por un período muy largo de tiempo. Ello se debe a que, a menudo, existen limitantes edáficas o fisiográficas ajenas al manejo mismo de la pradera, las cuales finalmente inducen cambios en los diversos factores bióticos.

La información disponible en este momento hace pensar que la definición de Humphrey es más general e indica realmente lo que es condición. En términos generales, es preferible definir condición en la siguiente forma: es la productividad de tejido vegetal comestible de la pradera en un momento determinado en relación a la productividad potencial del sitio. Condición es, por lo tanto, una proporción entre dos cantidades: una que representa el valor actual de productividad y la otra, el máximo absoluto del sitio. La relación es en base a materia seca producida en ambas etapas sucesionales.

Condición representa una proporción que en sí no es ecológica. Sin embargo, tiene fundamentos ecológicos, porque considera que la productividad potencial y la actual corresponden a dos etapas sucesionales diferentes en una misma sere. Dyksterhuis (1949) lo que hizo en realidad, fue determinar una técnica para clasificar condición basada en la proporción de plantas clímax presente de la pradera, en un momento determinado.

Este punto de vista es parcial y, a pesar de ser un buen indicador para muchas praderas, puede conducir a errores en otras. En verdad, cualquier indicador puede ser utilizado para determinar la condición, ya sean los microorganismos del suelo, insectos y otros grupos de animales inferiores edáficos, microflora, características físicas o químicas del suelo, plantas forrajeras y árboles o arbustos.

Siguiendo las ideas enunciadas por Mayor (1951), se ha concluido que las comunidades vegetales (v) están relacionadas con cinco factores ambientales:

$$v = f(cl, m, r, b, t)$$

Siendo:
cl: clima regional
m: material generador
r: relieve
b: biota
t: tiempo

El uso de esta ecuación ofrece la posibilidad de buscar relaciones más exactas de los factores determinados en la vegetación y proporcionar los elementos necesarios dentro de los cuales, los datos cuantitativos de la vegetación y demás componentes ambientales pueden ser calculados. Todo esto, fuera de ofrecer símbolos representativos de abstracciones ecológicas, permite, a su vez, la interpretación de la información original.

Cualquier biocenosis puede ser conocida estructuralmente en forma simultánea con su funcionamiento de acuerdo a un solo factor, siempre que los otros no cambien. Así se tiene que, conociendo cualquiera de ellos en un momento determinado, se puede finalmente conocer el valor de v, por cuanto éste es una consecuencia de los demás. La conveniencia de la aplicación de este principio proviene de las ventajas de utilizar cualquiera de los factores incluidos en la fórmula para la relación de la vegetación potencial.

Todos los elementos del ecosistema cuantitativo del bioma pratense, expresados en la ecuación anterior conducen, finalmente, a la expresión energética del ecosistema. La pradera con su población de ganado y vida silvestre constituye un complejo de comunidades bióticas (Osborn, 1956). La condición de esta biota depende del continuo flujo de energía y sustancias desde el medio inorgánico, a través de los diferentes niveles de vida y hacia el comienzo del ciclo. La magnitud de este flujo depende de la base climática y edáfica de cada asociación ecológica. Generalmente, varía de grande a pequeño, a medida que el clima cambia de húmedo a seco y de cálido a frío.

El complemento del ciclo de energía y nutrientes proviene del desprendimiento de elementos en el sitio de la descomposición de restos de animales y vegetales, del intercambio de gases y humedad en la atmósfera e incorporación de ellos al ciclo local y de la captación de energía solar y elaboración de nuevos materiales orgánicos por fotosíntesis (Osborn, 1956). El suministro de energía y nutrientes al ciclo, puede ser incrementado localmente, adicionándole fertilizantes minerales o materia orgánica al suelo, o por la adición de alimentos para el ganado, producido en otros lugares. La continuidad del funcionamiento al máximo de la biota pratense depende, por lo tanto, de tres requisitos fundamentales: el suelo debe ser mantenido intacto, sin pérdidas por erosión u otras causas; el uso continuado de agua y gases de la atmósfera, y el volumen y calidad del tejido fotosintético de la vegetación debe ser mantenido para utilizar la luz solar. La vegetación es el medio que integra todos los componentes que incluye la planta, el suelo y el mantillo (Figura 1-1).

Figura 1-1. Ciclo de energía del bioma pratense (según Osborn, 1956)

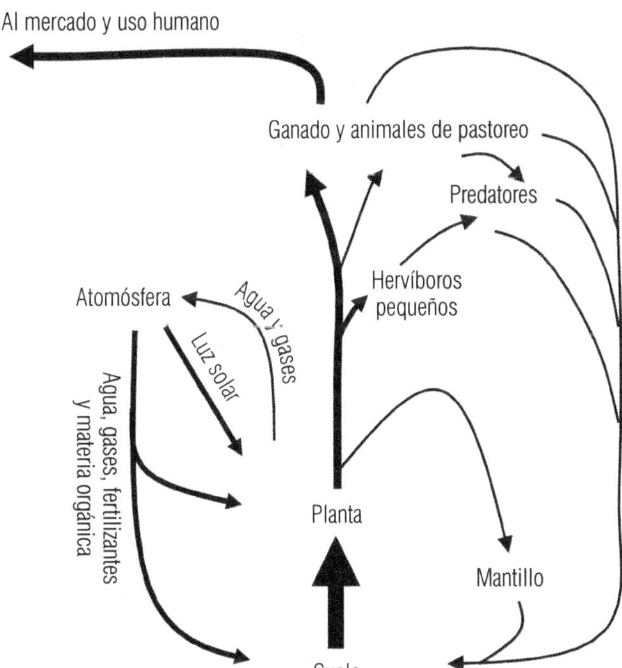

La unidad ecológica básica es el ecosistema

El concepto de ecosistema involucra la existencia de una estructura integrada por elementos fundamentales, los cuales están siempre presentes y de un funcionamiento ordenado de esta unidad. La acción que se ejerce sobre el ecosistema, por períodos cortos o largos de tiempo, se traduce en una reacción que termina por modificar la estructura y funcionamiento. Ello es la dinámica del ecosistema.

La estructura ecosistémica consta de dos partes fundamentales: una de naturaleza abiótica o de la materia no viva y otra de naturaleza biótica, en la cual intervienen organismos animales y vegetales en todos sus niveles de integración (Figura 1-2).

El componente abiótico consta de dos partes: los recursos del medio y el hábitat. Los recursos del medio están representados por los nutrientes inorgánicos que el organismo necesita para su subsistencia. Entre ellos se encuentran el carbono, hidrógeno y oxígeno que obtienen del agua y anhídrido carbónico. Ellos, junto con el nitrógeno, fósforo y azufre, constituyen las proteínas con lo cual componen el protoplasma. Además de ellos son esenciales para el crecimiento y desarrollo vegetal: calcio, magnesio, potasio, hierro, manganeso, molibdeno, cobre, boro, zinc, cloro, cobalto, vanadio y sílice.

El funcionamiento del ecosistema requiere, también, del aporte de energía luminosa. El agua es un recurso fundamental del ecosistema. Intervienen en la formación de carbohidratos, aminoácidos, proteínas y protoplasma. En la primera etapa se logra la formación de carbohidratos a través del proceso de fotosíntesis, al combinar agua, anhídrido carbónico y energía luminosa.

$$6CO_2 + 6H_2O + 673\ calorías \underset{\text{Respiración}}{\overset{\text{Fotosíntesis}}{\rightleftarrows}} C_6H_{12}O_6 + 6O_2$$

En las etapas siguientes otros elementos se incorporan y logran constituir unidades más complejas.

El déficit o exceso de cualquiera de los elementos descritos hace que los organismos alteren su funcionamiento.

El agua interviene en el ecosistema como un recurso fundamental. Su importancia reside, además del aporte de hidrógeno y oxígeno, en otras funciones vitales. Mantiene la turgencia, transporte de sustancias y permite reacciones químicas dentro del organismo.

En manejo de praderas, uno de los mecanismos más utilizados para mejorar la productividad es modificar la tasa de suministro de recursos hasta hacerlo que se aproxime al óptimo. A través del manejo se puede reducir las pérdidas de

Figura 1-2. Arquitectura y funcionamiento del ecosistema (Gastó, 1979)

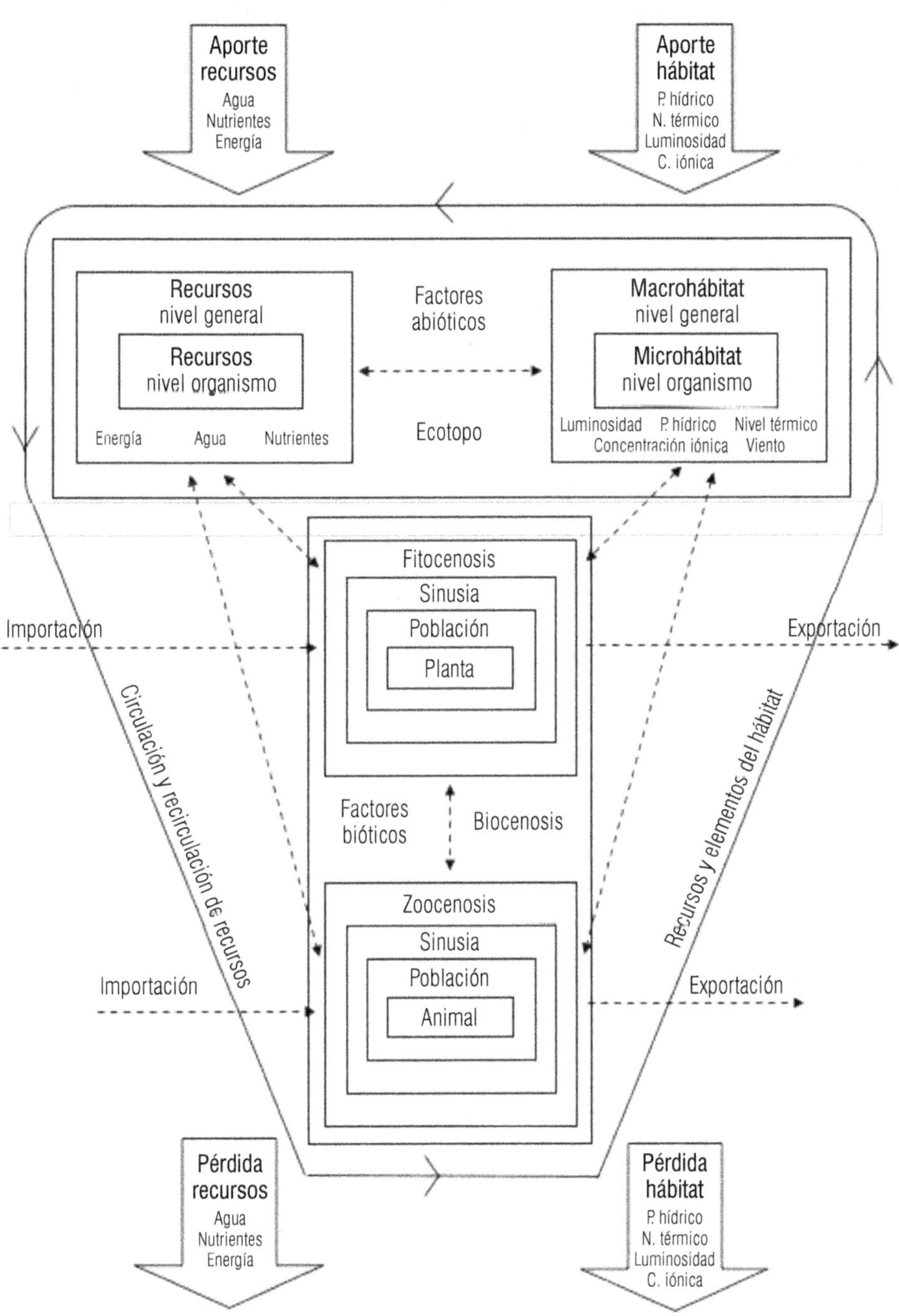

algunos recursos esenciales del medio, aumentar la circulación y recirculación, hacer más eficiente su utilización a través del paso por los ecosistemas y, por lo tanto, conducirlo finalmente al incremento de la productividad.

Los nutrientes minerales circulan en una alta proporción. Algunos de ellos pasan por el ecosistema y no logran recircular, ya sea debido a su naturaleza propia o al mal manejo de la unidad pratense. El proceso de circulación y recirculación de elementos a través del medio biótico y abiótico recibe el nombre de ciclo biogeoquímico. Un porcentaje pequeño de los elementos se pierde en forma natural fuera del ecosistema a través del aire, del agua o son fijados en las capas edáficas más profundas.

Algunos recursos no circulan en el ecosistema, sino que pasan a través de él. En esta categoría se incluye la mayor proporción del agua, energía solar y de algunos elementos tales como el carbono, oxígeno y nitrógeno. Sólo una proporción de estos recursos, que puede ser muy baja, recircula en el ecosistema.

El aporte de recursos desde fuera del ecosistema es de máxima importancia. La cantidad aportada puede ser el elemento limitante de la productividad. Aquellos sistemas que se encuentran en equilibrio tienen un aporte de recursos desde fuera del ecosistema igual a la pérdida.

$$\textit{Aporte de recursos } - \textit{ Pérdida de recursos } = 0$$

Los ecosistemas que se encuentran en alguna etapa seral distinta de cualquier tipo de clímax tienen valores diferentes a cero y, por lo tanto, no están en equilibrio. Si el valor es mayor o menor de cero es indicativo de que existe un proceso de sucesiones progresivas o retrogresivas.

$$\textit{Aporte de recursos } - \textit{ Pérdida de recursos } \neq 0$$

En un ecosistema pratense, manejado antropogénicamente, se persigue comúnmente como finalidad la de exportar fuera del sistema, productos vegetales o animales, para ser utilizados por el hombre en otros lugares. Además, a menudo se recurre a importaciones de biomasa de la misma naturaleza que se introduce temporalmente en el sistema por un período hasta que logra alcanzar mayor desarrollo. Los ecosistemas pratenses exportan comúnmente ganado de cierto desarrollo, o incluso, puede exportar pasto verde o heno. Algunos ecosistemas importan ganado de menor desarrollo o peso para luego exportarlo algún tiempo después. Para que exista equilibrio en un ecosistema pratense, los aportes de recursos más las importaciones deben ser iguales a las pérdidas de recursos más las exportaciones.

$$\frac{Aporte\ de\ recursos\ -\ Importaciones\ ecosistémicas}{Pérdida\ de\ recursos\ +\ Exportaciones\ ecosistémicas} = 1$$

Frecuentemente, no es posible suplementar antropogénicamente el suministro de recursos al ecosistema natural. El mejoramiento del manejo ecosistémico, permite a menudo mejorar la eficiencia de utilización de los recursos, disminuir las pérdidas e incrementar la productividad y capacidad de exportación de productos pratenses.

La cuantificación del aporte y pérdidas de recursos puede ser una forma de evaluación de praderas, siempre que se mantengan constantes otros factores. La productividad del ecosistema se incrementa al aproximarse al óptimo la relación entre el suministro, las pérdidas y las necesidades de recursos.

Continuando con el esquema presentado en la **Figura 1-2**, se presenta el microhábitat, como el lugar donde vive el organismo. La cuantificación y descripción del medio donde vive un organismo interesa en el lugar que le rodea en forma inmediata.

El macrohábitat es el lugar general donde se desarrolla el organismo. Depende del macroclima y del sustrato original del lugar, sin considerar la acción recíproca del organismo sobre el medio y del medio sobre el ser vivo. El resultado de la acción, reacción y coacción en el desarrollo del microhábitat, a menudo es muy diferente del macrohábitat general de la región. Los organismos se adaptan al microhábitat donde viven, independientemente del macrohábitat general de la zona, el que a menudo sobrepasa sus límites de tolerancia.

La alteración del ecosistema puede llegar a niveles tales que concluya por modificar el microhábitat particular, hasta niveles tales que sus características se aproximen en exceso o defecto al macrohábitat y lo hagan así intolerable para el organismo, la población, la sinusia o la biocenosis original del lugar. Se tiene en esta forma, que organismos adaptados a ecosistemas bien manejados, desaparecen al ser mal manejados. Ello se interpreta como una inadaptación al hábitat, ignorándose su capacidad adaptativa a microhábitats favorables.

El microhábitat está definido principalmente por la intensidad luminosa en la cual el organismo vive y se desarrolla, el potencial hídrico existente en el medio circundante al organismo y la concentración iónica. Además, el nivel térmico y la velocidad del viento son elementos que describen las características ambientales del lugar. El organismo no utiliza como recurso a ninguno de ellos, pero sus límites de tolerancia ambiental no le permiten vivir en un hábitat determinado cuando el nivel de cualquiera de ellos es demasiado elevado o bajo.

Por no constituir una parte integrante del organismo no se les considera como recursos, sino como hábitat.

El medio abiótico original de un sistema puede ser invadido por organismos vegetales. El establecimiento de algún ejemplar aislado no se considera exitoso, mientras la especie no logra formar una población. La población es un grupo de organismos de la misma especie, limitados en espacio y tiempo. La población es diferente del organismo, por cuanto tiene tasa de natalidad, mortalidad y crecimiento, y el individuo no los tiene. Los grupos de poblaciones de la misma forma vital constituyen una sinusia y su conjunto es la fitocenosis en el caso de los vegetales y la zoocenosis en el caso de los animales. Ambos constituyen la biocenosis.

La comunidad vegetal o fitocenosis tiene en cada caso una estructura individual, poblacional y sinusial característica. Ellos son el resultado de un proceso de adaptación y adecuación al ecosistema en su conjunto, donde se integran los recursos, el hábitat, la fitocenosis y la zoocenosis. La acción directa o indirecta del usuario de este recurso, el hombre, modifica al ecosistema y con ello altera su productividad y estabilidad.

La zoocenosis depende de la fitocenosis, de donde deriva su alimento. La acción de la fauna sobre los vegetales altera considerablemente su funcionamiento, lo que puede conducir a un mejoramiento o deterioro de la biocenosis en su conjunto. Los niveles de integración de la zoocenosis son equivalentes a los de los vegetales. La alteración de la acción de la zoocenosis sobre la vegetación es, a menudo, el elemento más importante que regula la estructura, el funcionamiento y la dinámica del ecosistema pratense.

La alteración de cualquiera de los cuatro elementos principales del ecosistema modifica directa o indirectamente a todos los demás y, por consiguiente, conduce a un clímax diferente. El esquema de tales cambios y relaciones está presentado en la **Figura 1-2**. Las flechas indican sus relaciones. El ecosistema se modifica holocenóticamente.

La pradera es un complejo de partes íntimamente relacionadas y que normalmente pueden estar en equilibrio entre ellas (Ellison, 1949). Como resultado de estas interrelaciones y, debido a las reacciones de las plantas y animales con el medio, ocurren cambios ordenados sin la pérdida de la integridad del complejo o sucesiones primarias. Estos cambios son demasiado lentos como para ser manipulados en forma práctica con el manejo de la pradera.

Las sucesiones secundarias o subseres resultan como consecuencia de la perturbación del complejo. Son más rápidas que las priseres o sucesiones primarias y pueden ser manipuladas al manejar la pradera y producir resultados deseables en un período razonable de tiempo (Ellison, 1949). Cuando los cambios son tan extremos como para destruir la integridad del complejo por erosión acelerada u otras causas, el término sucesión ya no es apropiado y se produce lo que se conocce como cambios catastróficos.

La utilización del concepto de condición significa la aceptación *a priori* de algunas premisas que, generalmente, no están explícitamente descritas o no son universalmente aceptadas. La primera de ellas se relaciona con la identidad de la composición botánica. En este sentido, se utiliza generalmente la especie como unidad, pero es conveniente sobrepasar los límites convencionales de clasificación taxonómica y utilizar ecotipo, ecoclino o biotipo que significa generalmente, similaridad genética dentro de la población.

El mecanismo de evolución de las taxas aparece esquemáticamente representado en la **Figura 1-2**. En ella se observa que las sucesiones vegetales desempeñan su rol modificando el hábitat y nicho a medida que las progresiones se desarrollan.

La estructura de la comunidad se ve cada vez más compleja a medida que el nicho de la taxa se hace más limitado, pero, al mismo tiempo, más específico. Paralelamente a ello, el hábitat y el microhábitat son modificados, creando condiciones bióticas y abióticas que difieren de una etapa sucesional a la siguiente.

Este medio, es el mecanismo seleccionador de poblaciones, tanto vegetales como animales. La variabilidad interna proviene de modificaciones genéticas de los individuos, ya sea causada por recombinación de genes, mutaciones o cualquier otra causa. Los individuos que se formen en la población obedecen a una constitución genética bien determinada y son capaces de reaccionar morfológicamente a estímulos del medio biótico y abiótico circundante. Se materializa así, un cambio en la composición genética de la población natural, la que finalmente, se presenta con características diferentes a las de la población original. Esta nueva población, a su vez, induce modificaciones ulteriores a las sucesiones vegetales hasta que, por último, se produce una relativa estabilidad sucesional y evolutiva.

Si se enfoca el aspecto de las taxas desde un punto de vista policlimáxico o de *continuum*, es posible pensar que aquellas comunidades que corresponden a diferentes policlímax están constituidas, también, por taxas muy variadas, aun cuando a menudo incluyen las mismas especies. Esto es lo que se desprende de los trabajos de McMillan, (1960) y Workman y West (1967 y 1969).

La gradiente genética de muchas especies es la clave de la continuidad de un tipo vegetacional sobre la gradiente hábitat y el nicho. Los ecotipos y ecoclinos de una comunidad permiten el ajuste vegetacional al ecosistema donde se desarrollan, como asimismo a las condiciones de manejo a que son sometidos. Por lo tanto, aun en una comunidad pratense estabilizada pueden estar ocurriendo evoluciones sucesionales en la población de algunas especies dominantes hasta alcanzar la etapa de equilibrio, tanto evolutivo como sucesional.

La información bibliográfica acumulada permite concluir que, la remoción del follaje resulta generalmente un daño para la población (Ellison, 1960). De allí que el efecto dañino diferencial sobre las diversas poblaciones y ecotipos que constituyen la comunidad pratense se traduce, finalmente, en un ajuste diferente de los componentes, debido a la interacción y consortismos.

Los resultados presentados por Peterson (1962) confirman la evidencia, que algunos cambios que se producen en la pradera bajo condiciones de pastoreo pesado prolongado, favorecen la persistencia de algunas gramíneas, por razones de índole variada: crecimiento postpacimiento relativamente rápido, de rebrote de yemas más vigorosos y verdes, mantenimiento de reservas alimentarias o de carbohidratos en la planta moderadamente altas a muy altas, crecimiento durante la iniciación de la estación más bien retardado, pudiendo así escapar del pastoreo excesivo y, finalmente, un crecimiento más postrado o rastrero.

Las estructuras genotípicas de la población son afectadas por las diferentes intensidades y frecuencias de pastoreo. Las características morfológicas de una población de ballica de rotación corta (*Lolium perenne x Lolium multiflorum*), demostraron ser diferentes de acuerdo al sistema de pastoreo al cual la población había sido previamente sometida. Bajo condiciones de pastoreo frecuente e intensivo aumentó la proporción en la población de individuos de morfología similar a *Lolium perenne*, pero bajo pastoreo liviano y distanciado se incrementó la preponderancia del tipo *Lolium multiflorum* (Brougham, 1960).

Algunos ecotipos de *Dactylis glomerata* presentan mayor persistencia y sobreviven pastoreos más intensivos que otras poblaciones de la misma especie. En un estudio conducido por Kemp (1937), se encontró que todos los ecotipos resistentes al pastoreo intensivo tenían solo una característica en común, que todas las yemas, sin importar su ubicación en las plantas, tienden a crecer horizontalmente antes de girar hacia arriba para permitir el desarrollo de un culmo floral erecto. Este desarrollo procumbente de los culmos es el responsable de la resistencia al pacimiento del ganado, lo cual permite que ellos utilicen solo las hojas del crecimiento basal. Los ecotipos menos resistentes al pastoreo presentan crecimiento inicial erecto de sus yemas y elongación temprana de los culmos florales.

Es conveniente distinguir entre las etapas sucesionales en equilibrio, tales como policlímax, disclímax, paraclímax o simples, etapas sucesionales que, a menudo, pueden presentar una composición botánica similares, pero que realmente corresponden a seres diferentes. En el caso de las etapas sucesionales en equilibrio, el retardo o histéresis es igual a cero, o bien, a veces se puede comparar con magnitudes similares de retardo. Lo dicho anteriormente acerca del retardo no rige cuando se trata de comparar etapas sucesionales diferentes dentro de una misma sere. Bajo tales circunstancias se compara la etapa sucesional correspondiente con un clímax que se sabe en equilibrio y cuyo retardo es igual a cero, con una etapa sucesional cualquiera, cuyo retardo es desconocido, pero cuya correlación entre el o los factores vegetacionales indicadores (condición) y la productividad real están perfectamente correlacionados y la curva de regresión determinada, de acuerdo a métodos estadísticos universalmente aceptados.

No parece conveniente simplificar la clasificación de la condición en solo cuatro categorías: excelente, buena, regular y pobre. Es preferible utilizar una relación cuantitativa entre condición y productividad. Cualquier valor de la composición botánica o condición, en general, puede ser determinado como un valor que no corresponde necesariamente a una de las cuatro clases, sino que representa una magnitud mensurable numéricamente. Por razones prácticas, en algunos casos, puede calcularse solamente la categoría de la condición de la pradera, pero en teoría debe determinarse primeramente su magnitud exacta.

No es conveniente, utilizar siempre como único fitómetro de comparación al clímax. En algunos casos, su utilización no es conveniente ni práctica, pero en otros, por definición es totalmente imposible. Tal es el caso de las praderas sucesionales en general, cuyo clímax, a menudo, no es pradera y, por lo tanto, toda comparación sería imposible. En este caso, las comparaciones deben hacerse en etapas sucesionales bien conocidas y muchas veces en función del tiempo. Bajo circunstancias tales como las presentadas en esta sección, la velocidad de la sucesión puede introducir una dimensión de valor en la evaluación de la condición. Este grupo de comparaciones es especialmente valioso en todos aquellos casos en que se analizan praderas culti-sucesionales. Se ha demostrado que las progresiones y retrogresiones sucesionales no ocurren indistintamente a la misma velocidad y duración. Los cambios que se producen en la vegetación pueden proceder en diversas direcciones dependiendo del carácter de la presión de pastoreo aplicada (Ellison, 1960).

El concepto de condición es realmente mucho más amplio que el significado que se le ha dado en la literatura pratense. En ecología general ha sido descrito y usado implícitamente en forma frecuente, pero no basta con ello y es necesario, en este momento, una mayor difusión de su alcance en otras ramas de la biología aplicada. Puede aplicarse a cualquier tipo de praderas o biomas productores de tejido vegetal útil, de aprovechamiento directo o indirecto por el hombre, o indirectamente por herbívoros de utilización humana. La definición del concepto en forma teórica y abstracta es de gran importancia para comprender la real magnitud de sus aplicaciones, como la capacitación para la utilización en un sentido más amplio.

El patrón de comparación de la productividad potencial del sitio no tiene por qué ser exclusivamente el clímax en el sentido policlimáxico, generalmente aceptado. Debe ser la etapa sucesional que en forma sostenida sea capaz de producir la mayor cantidad de tejido vegetal pratense utilizable. Esto puede ocurrir, ya sea en el ambiente natural o modificado parcial o totalmente. En términos económicos, la comparación debe hacerse con la etapa que, en forma sostenida sea capaz de producir la mayor cantidad de utilidad expresada en unidades monetarias. Si así ocurre, el ideal de condición puede variar de acuerdo al desarrollo de las ciencias agropecuarias y forestales o de la situación económica y social del país.

Tradicionalmente la composición botánica ha sido el indicador de condición más frecuentemente usado. Sin embargo, puede usarse también como indicador de condición, otros elementos tales como relaciones hídricas, mantillo, etc. Si se trata de utilizar las relaciones hídricas, la etapa óptima o patrón de comparación es aquella que, en forma sostenida sea capaz de producir una alta cosecha y calidad de agua.

Condición, entonces, debe ser definida como el porcentaje de la composición botánica y precisamente la especie predominante característica de la etapa sucesional óptima.

Mucho se ha mencionado en la literatura pratense de los cambios que se producen en los factores ambientales y bióticos a medida que se producen sucesiones progresivas y retrogresivas. Sin embargo, los estudios ecológicos relacionados con praderas, no son muy claros en este sentido. Varios autores (Odum, 1963; Cooke, 1967 y Mergalef, 1958), han resumido en forma de un modelo tabular los cambios que se producen en el desarrollo sucesional. Algunos de los atributos del ecosistema en las etapas sucesionales prístinas o iniciales y en las maduras, cuando el ecosistema se aproxima al clímax, aparecen presentados en el Cuadro 1-2.

Cuadro 1-2. Tendencias que se presentan en el desarrollo sucesional de ecosistema según datos presentados por Odum (1963), Mergalef (1958) y Cooke (1967). La columna Condición es un agregado del autor y solo representa su interpretación en relación a lo que implícita o explícitamente propone la literatura pratense

Atributos del Ecosistema	Sucesiones en general Etapas sucesionales		Condición	
	Iniciales	Maduras	Pobre	Excelente
Energía de la comunidad				
1. Producción bruta/respiración de la comunidad (Pb/R)	> 1 (autótrofas) < 1 (heterótrofas)	1 aproximadamente	Baja	Alta
2. Producción bruta/Biomasa en Pie (Pb/B)	Alta	Baja	Varías según sere y etapa óptima	
3. Producción Neta de la Comunidad (Rendimiento) (Pn)	Alta	Baja	Baja	Alta
4. Cadena alimenticia	Lineal (predominantemente pastoreo)	Reticular (predominantemente detritus)	Lineal (predominantemente pastoreo)	Lineal (predominantemente pastoreo)
5. Fotosíntesis Bruta de la Comunidad (Fb)	Alta	Baja	—	—
6. Fotosíntesis Neta de la Comunidad (Fn)	Alta	Baja	Baja	Alta
7. Nitrorespiración o fotorespiración de la Comunidad	Alta	Baja	—	—
8. Biomasa en Pie/Fotosíntesis Bruta (B/Fb)	Baja	Alta	—	—
9. Biomasa de Fotosíntesis Bruta	Alta	Baja	—	—
10. Fotosíntesis Bruta/Clorofila	Baja	Alta	—	—
Estructura de la comunidad				
1. Biomasa en Pie y Materia orgánica	Baja	Alta	—	—
2. Diversidad de Especies	Baja	Alta	Baja	Alta
3. Diversidad Bioquímica	Baja	Alta	—	—
4. Estratificación	Poco desarrollada	Bien desarrollada	Poco desarrollada	Bien desarrollada
Historia Vital				
1. Especialización del Nicho	Amplia	Ajustada	Amplia	Ajustada
2. Tamaño de organismos	Pequeños	Grandes	—	—
3. Ciclo de vida	Cortos	Largos	Cortos	Largos

Atributos del Ecosistema	Sucesiones en general Etapas sucesionales		Condición	
	Iniciales	Maduras	Pobre	Excelente
Ciclo de nutrientes				
1. Nutrientes inorgánicos	Alta	Baja	Alta	Baja
2. Ciclos minerales	Abierto	Cerrado	Abierto	Cerrado
3. Tasa de intercambio de nutrientes. Organismo-medio ambiente	Rápido	Lento	Lento	Rápido
4. Papel del animal en la regeneración de nutrientes	No importante	Importante	No importante	Importante
Eficiencia				
1. Mantención del sistema	Baja	Alta	Baja	Alta
2. Producción	Alta	Baja	Baja	Alta
3. Clorofila (N° de asimilación)	Baja	Alta	—	—
Homeostasis Total				
1. Simbiosis interna (interdependencia de organismo)	Baja	Alta	Baja	Alta
2. Conservación de nutrientes	Mala	Buena	Mala	Buena
3. Estabilidad (resistencia a la perturbación externa)	Mala	Buena	Mala	Buena
4. Entropía	Alta	Baja	—	—
5. Información	Baja	Alta	—	—
Estabilidad				
1. Metabolismo	Baja	Alta	—	—

El modelo tabular de sucesiones presentado, indica categóricamente que no puede existir una etapa clímax en la cual la proporción entre producción bruta y respiración de la comunidad sea distinta de 1. En sucesiones heterótrofas, donde la respiración excede por un margen amplio a la producción bruta, esta proporción es muy pequeña en las etapas iniciales, pero aumenta a medida que la sere madura, cuando alcanza un valor cercano a 1.

En las sucesiones autótrofas, que es el caso de la mayoría de las praderas, ocurre sin embargo lo inverso. El valor de la proporción es en un comienzo muy alto, mucho mayor que 1, ya que debe producirse un exceso de materia orgánica y de biomasa en pie de manera de modificar el medio ambiente. Estas modificaciones graduales que ocurren en un ecosistema desbalanceado son, en realidad, el motor impulsor del avance sucesional.

No puede existir sucesión en un ecosistema natural, a no ser que se produzcan modificaciones autógenas en él. De todos los parámetros que pueden determinarse en una sucesión, la proporción Pb/R es, probablemente la más significativa. Ella evalúa en forma integral la totalidad de la energía, a través de la producción bruta del ecosistema, en un momento determinado, y los factores subtractivos o degradantes de la energía que se representan por la respiración total del ecosistema. El consumo total de oxígeno es un índice de la productividad bruta del ecosistema. En cuanto a la pionera, tiene el menor consumo de los tres. La vegetación clímax, sin embargo, por su naturaleza misma, no puede producir modificaciones autógenas y la mayor producción bruta tiene que ir acompañada de un mayor consumo de material energético en las funciones vitales, lo que se manifiesta por un mayor flujo de energía a través del cauce detritófago (Figura 1-3).

Figura 1-3. Consumo total de oxígeno por microorganismos del suelo, en tres etapas sucesionales diferentes y en diversas épocas del año (según Mallik y Rice, 1966)

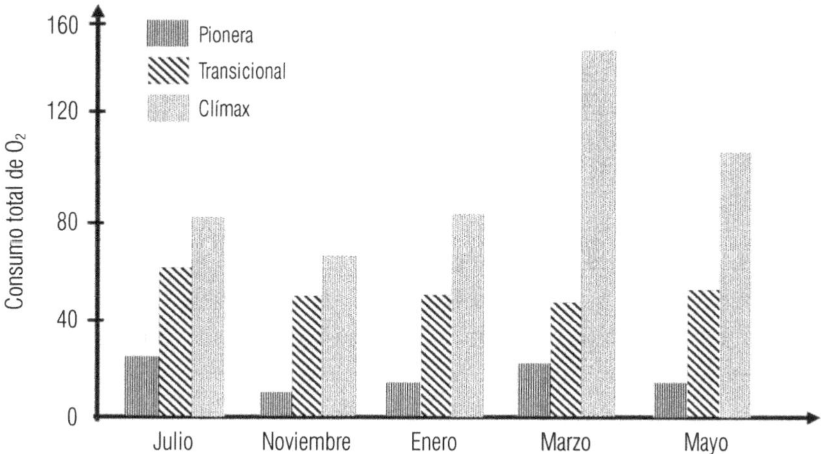

De lo discutido en los párrafos anteriores se desprende que, en la etapa clímax, producción bruta menos respiración tiene que ser igual a cero, pues de lo contrario se estarían produciendo modificaciones autógenas en el ecosistema global. No puede haber modificación global en el ecosistema y haber, al mismo tiempo, equilibrio. Ahora bien:

Producción bruta del ecosistema – Respiración del ecosistema = Producción neta del ecosistema

Si se tiene una sere en la etapa sucesional clímax

$$\frac{Pb}{R} = 1$$

por lo tanto, $Pb = R$
por lo tanto, $Pb - R = 0$
Si $Pb - R = Pn$
                       $Pn = 0$

Esto es lo que ocurre en el clímax. No puede pretenderse entonces, mantener una pradera en etapa clímax, por cuanto la producción neta de ella sería igual a cero y eso es, precisamente, lo que no se persigue.

Condición, en la forma tradicionalmente definida es la proporción entre una pradera cualquiera, en un momento determinado, y el clímax respectivo, siendo la pradera clímax lo óptimo que puede esperarse. Esto no puede ser así. Lo que en realidad se persigue en manejo de praderas es una etapa sucesional distinta del clímax, en la cual exista estabilidad del medio abiótico o al menos no se presenten cambios destructivos o retrogradantes, en la que se obtiene un máximo valor de la relación Pb/R y de Pb–R, expresado en tejido vegetal útil.

Se presenta, por lo tanto, una controversia. Si el clímax es pradera y este se alcanza sin pastoreo de mamíferos domésticos superiores, un mejoramiento de la condición significa un aumento de las especies clímax simultáneamente con la magnificación de los organismos detritófagos. Según Harlan (1959), las especies clímax son menos susceptibles de pastoreo y, por lo tanto, conducen a una composición botánica menos favorable. Según este autor existen diferencias fundamentales entre las especies pratenses, clímax y disclímax y ello es una característica de la especie. Las especies clímax se comportan como tales en cualquier lugar que crezcan. Así se tiene que, las especies pratenses más importantes en el mundo son disclímax. Los individuos de este grupo de especies se desarrollan bien bajo condiciones alteradas y soportan el pastoreo y corte. Son buenas competidoras con otras especies cuando se utiliza la pradera, pero tienden a desaparecer cuando se les mantiene en exclusiones. Las especies pratenses clímax no se comportan bien en condiciones alteradas y tienden a desaparecer bajo condiciones de pastoreo y corte, responden modestamente a niveles altos de fertilizantes y son productoras pobres y erráticas de semillas. Probablemente, la mayor parte de las especies clímax han evolucionado en ausencia de mamíferos herbívoros, los cuales, a su vez, no han podido evolucionar en estas condiciones, debido a que destruirían o afectarían severamente la vegetación (Harlan, 1959).

Las condiciones ambientales y de manejo pueden ser responsables de la persistencia de las poblaciones que componen la biocenosis pratense. Las especies pratenses están supeditadas a las condiciones ambientales, las cuales determinan, en última instancia, si la reproducción de los individuos se realiza sexual o vegetativamente. La ubicación del meristema apical unido al largo del día son, a menudo, responsables del tipo de reproducción que presenta (Morgan y Grover, 1940).

No existen motivos justificados para promover sucesiones progresivas hacia el clímax, ya que las especies disclímax son más susceptibles de utilización por herbívoros. Por lo tanto, el avance sucesional en las etapas próximas al clímax significa proveer organismos vegetales más susceptibles y, probablemente, menos productivos. En praderas naturales, el principal objetivo es mantener un disclímax, pero en la etapa de mayor producción de tejido vegetal útil.

La cadena alimentaria que existe en la mayoría de los ecosistemas prístinos es de naturaleza lineal, en la cual, el tejido vegetal es utilizado principalmente por herbívoros a través del pastoreo. En etapas sucesionales más avanzadas, a medida que se produce un acercamiento al clímax, la cadena se transforma de lineal a reticular y, de predominantemente de pastoreo en predominantemente de detritus. La condición buena o excelente no puede significar un incremento de la utilización de detritus en desmedro del pastoreo. Al contrario, cualquier pradera en condición buena o excelente, debe representar el máximo de pastoreo y el mínimo de detritus. La producción de detritus debe ser solo lo necesario para mantener una buena conservación de los recursos edáficos y demás elementos abióticos.

El avance sucesional de la comunidad conduce, necesariamente, a una mayor complejidad de los componentes vegetales. Estos significan mayor eficiencia, por cuanto los medios disponibles son más íntegramente utilizados si existe una mayor variabilidad de especies, lo que se logra en etapas cercanas al clímax. Dwyer (1958) encontró que ninguna de las hierbas pivotantes que existían en la pradera de gramíneas que estudió, significaban disminución del rendimiento de la especie angustifoliada. La latifoliada consumía el agua y los nutrimentos debajo de la estrata radicular correspondiente a la gramínea y, en esta forma, reduciendo la competencia edáfica al mínimo.

La fotosíntesis neta de la comunidad es alta en ecosistemas prístinos y baja en ecosistemas maduros, ya que las modificaciones autógenas son mínimas. Sin embargo, si este fuera el caso en praderas clímax o en condición excelente, significaría una reducción de la eficiencia del ecosistema y ello está divorciado de los objetivos perseguidos con un buen manejo de praderas. La producción neta de tejido vegetal útil debe ser máxima en praderas en condición excelente.

La tasa de intercambio de nutrientes disminuye a medida que se produce un acercamiento sucesional hacia el clímax. Es lógico que así sea, pero en manejo de praderas se pretende utilizar el ecosistema en forma tal de obtener una rápida tasa de intercambio de nutrientes con el objeto de incrementar su eficiencia y maximizar la producción de tejido vegetal útil. No puede, por lo tanto, pretenderse manejar una pradera de etapas sucesionales clímax cuando se sabe que eso significa, al mismo tiempo, una reducción de la tasa de intercambio de nutrientes. El buen manejo de praderas persigue una rápida tasa de intercambio de nutrientes en el ecosistema.

La producción neta de ecosistemas en etapas sucesionales maduras, es baja y disminuye a medida que se acerca hacia el clímax. En las etapas sucesionales prístinas, en cambio, la producción neta es alta. Nuevamente aquí se tiene una contradicción, ya que buen manejo significa alta producción y, por lo tanto, no puede pretenderse mantener la pradera clímax en forma excelente, pues su producción neta tiene que ser baja. El objetivo principal en el manejo de praderas es alta producción.

Considerando en conjunto el modelo tabular presentado anteriormente en la literatura pratense considerada en este trabajo, se puede concluir que, lo que se persigue con un buen manejo de praderas no es una utilización que conduzca hacia una etapa estable, final y única, el clímax. Condición excelente se produce, generalmente, en etapas sucesionales avanzadas o maduras, pero nunca en el clímax. Avance sucesional significa inicialmente, mejoramiento de la condición hasta que se alcanza un grado de desarrollo óptimo pratense.

Progresiones superiores al óptimo o condición excelente significan un deterioro pratense, aun cuando en un sentido ecológico estricto pueda significar un avance o mejora.

Clasificación sucesional de las praderas

A continuación, se presenta un resumen de esta clasificación.

Praderas Sucesionales
- Priseres
  1. Naturales
     - Praderas de herbáceas perennes en clímax bosque
       · Hidrosere
       · Xerosere
     - Pradera anual en clímax matorral
     - Pradera anual en clímax herbáceo perenne
     - Pradera anual en clímax bosque
     - Psamosere pratense
  2. Inducidas
     - Psamosere pratense
- Subseres
  1. Cultisucesiones pioneras
     - Con aporte adicional de disemínulas
       · Temporales
       · Anuales y bianuales
       · Rotación corta
       · Rotación larga
     - Sin aporte adicional de disemínulas
       · Praderas de malezas o voluntarias
       · Praderas de plantas residentes útiles
  2. Píricas
     - Con aporte adicional de disemínulas
     - Sin aporte adicional de disemínulas
  3. Fertiseres
     - Con aporte adicional de disemínulas
     - Sin aporte adicional de disemínulas

Praderas en equilibrio

- Clímax o en equilibrio natural con el ambiente
  1. Zonales
     - Patagónica
       · Xérica
       · Hídrica
     - Puna
       · Xérica
       · Hídrica
     - Veranada de montaña
       · Xérica
       · Hídrica
  2. Azonales
     - Salinas
       · Salares
       · Curso inferior Valles Transversales
     - Hídricas no salinas
       · Vegas
       · Ripiarias
       · Ñadis
- Disclímax o sere interrumpida o modificada, pero en equilibrio
  1. Zoocenosis
     - Especie, raza o tipo de ganado o vida silvestre
     - Intensidad y época de utilización
  2. Fitocenosis
     - Herbicidas selectivos
     - Control mecánico selectivo sobre algunos grupos de organismos
  3. Edafotopo
     - Fertilización mineral y orgánica
     - Modificaciones edáficas mecánicas
     - Exudados
  4. Climatopo
     - Microrrelieve modificado
     - Modificaciones micro y mesoclimáticas
  5. Compleja

Descripción sucesional de las praderas

La comprensión integral del concepto de condición y tendencia requiere una delimitación y definición de los diversos tipos de praderas. Como se trata de un concepto ecológico en su naturaleza, su definición debe corresponder necesariamente a las fases que tratan directamente con aspectos relacionados con los organismos y al medio abiótico en que viven, y de las relaciones intra e interespecíficas de los organismos mismos.

La clasificación ecológica de las praderas requiere, como primera división, la distinción del estado de equilibrio o de evolución sucesional de los componentes biocenósicos, energéticos y de nutrientes que representan las unidades de la pradera, constituyendo los dos grupos principales de ellos.

Las praderas sucesionales son aquellas que se encuentran en cualquier etapa sucesional ajena al clímax en un sentido policlimáxico o en cualquier otra de las etapas sucesionales interrumpidas temporalmente. Ellas, sin embargo, permanecen en forma inducida y mantenida temporalmente por factores controlables que representan desequilibrio. El otro grupo de praderas está representado por praderas en equilibrio, interpretado aquí en el sentido más amplio de la palabra, que significa cualquier estado de estabilidad, sea esta natural o inducida por modificación temporal de algún o algunos factores ambientales, que en condiciones naturales ejercía una distinta magnitud de la intensidad biológica sobre los elementos que constituyen el bioma pratense.

En este sentido "pradera" para Dyksterhuis (1949), se refiere solo a aquellos terrenos cubiertos de pastos nativos en terrenos con pastos naturales o naturalizados de pastoreo. Esta es la acepción tradicional de la palabra y, por lo tanto, la literatura relacionada con condición implícitamente se refiere principalmente a este grupo de praderas. En el presente trabajo se le ha dado una acepción más amplia que incluye tanto a las sucesionales y a las estabilizadas, como asimismo, a las naturales y resembradas. Es preferible pensar, por esta razón, en forma más amplia acerca del clímax, y considerar como tal a cualquier estado de equilibrio sucesional, sea este natural o inducido. En esta forma, la teoría policlimáxica se adapta mejor y más ampliamente al concepto de condición en la forma presentada en este trabajo.

El concepto, en la forma mencionada en este trabajo, es aún más amplio e incluye también a organismos exóticos al sitio, o bien, mejorados genéticamente por medio de cruzas o selección de la población natural, de acuerdo a las necesidades productivas de la pradera. Así se incluye especies de pastos cultivados o pasturas, o bien residentes naturalizados que han sido mejorados en forma antropogénica.

Praderas sucesionales son todos aquellos biomas pratenses, que en un medio físico cualquiera, el componente biocenósico vegetal está compuesto por organismos de corta o larga vida y de corta o larga duración, pero nunca se encuentran estabilizados en clímax, siendo siempre sucesionales. La capacidad de producir evolución sucesional en las fitocenosis que se desarrollan en un sitio es una tendencia natural que conduce, finalmente, a un equilibrio dinámico, lo cual es común a muchas ciencias (Tansley, 1935).

Las praderas sucesionales se dividen en dos grupos principales: los **priseres o sucesiones primarias** y las **subseres o sucesiones secundarias**.

Dentro de las praderas priserales, se encuentra uno de los grupos principales representados en el país por las praderas perennes en clímax bosque. Este grupo de praderas representa un área relativamente pequeña en relación al área total donde, la etapa sucesional constituida por pradera perenne se manifiesta durante el desarrollo evolutivo de la sere, cuyo clímax es bosque perennifolio o caducifolio y cuyos componentes principales son árboles de hoja ancha.

La razón de esta singular reducción de la importancia de este grupo característico de praderas se debe a la corta duración en relación al tiempo que demora la sere en llegar al clímax y la duración del clímax mismo. La pradera priseral de pastos perennes pasa casi desapercibida dentro del conjunto evolutivo de la sere y constituye una transición escasamente delimitada. Además, cuando ella se manifiesta, los demás factores del medio ambiente, donde la sere se desarrolla, evolucionan rápidamente y ofrecen condiciones favorables por hierbas altas y gigantes y, frecuentemente, también de arbustos y otras plantas leñosas que pueden normalmente vegetar en esas condiciones. Así, la etapa sucesional representada por hierbas perennes de poco desarrollo, que como productor primario ofrece tejido vegetal útil es reemplazada por otra etapa sucesional más avanzada. Esta evolución progresiva en el desarrollo seral del bioma significa, por lo tanto, una aproximación al clímax. Sin embargo, en relación al bioma pratense significa una evolución retrogresiva o regresión, por cuanto indica un alejamiento de la pradera. La etapa seral óptima es aquella en la cual se obtiene el máximo de tejido vegetal útil, en un sentido pratense.

En praderas sucesionales, en general, sean estas priserales o subserales, retrogresión significa alejamiento de la etapa sucesional pratense más avanzada. En términos pratenses retrogresión pratense puede representar progresión o retroceso. Por esta razón, en el presente trabajo, en lugar de progresión y retrogresión, en el sentido ecológico, se utiliza a menudo el término de alejamiento progresivo y alejamiento retrogresivo, respectivamente. El primero de ellos significa progresión sucesional en un sentido ecológico, pero en etapas evolutivas posteriores a la pradera óptima. El segundo significa retrogresión sucesional en un sentido ecológico, y en sentido pratense significa también retrogresión pratense a partir de la pradera de máximo desarrollo.

Las hidroseres priserales pratenses son, sin embargo, de gran importancia en los climaxes de los bosques templados de lluvia de Chile. A orillas de lagos, ríos y vertientes se encuentran frecuentemente praderas priserales pratenses de alta producción. Sin embargo, en muchas circunstancias es factible argüir que se trata de praderas clímax en equilibrio con el ambiente físico donde se desarrollan. Considerando el equilibrio comunitario en un sentido policlimáxico es posible pensar que se trata de un medio edáfico diferente y, por consiguiente, de dos climaxes edafotópicos diferentes. En muchos casos no ocurre así y se trata simplemente de praderas sucesionales en diferentes etapas evolutivas.

Las praderas de plantas perennes, constitutivas de xeroseres primarios en los climaxes de bosques templados de lluvia son solo de escasa importancia, debido a la pequeña superficie que ellas ocupan.

La pradera sucesional anual en clímax matorral es otro ejemplo de priseres pratenses. Representa un área mayor que la anterior y su existencia se debe a una duración más larga de las etapas sucesionales, en las cuales, las plantas anuales o terófitas representan el mayor componente entre los productores de tejido vegetal útil. Los organismos vegetales anuales endémicos del sitio respectivo se encuentran, a menudo, invadidos e intermezclados con organismos exóticos y naturalizados, los cuales, en conjunto, constituyen las especies residentes. Resulta a menudo difícil encontrar praderas anuales sucesionales, pues la mayor parte de ellas representan algún tipo de clímax. El mayor desarrollo de este grupo de praderas ocurre en la zona del clima mediterráneo del centro de Chile, especialmente en la zona del Norte Chico y provincias administrativas centrales.

Dos grupos de priseres pratenses merecen ser mencionadas en este trabajo. El primero de ellos se refiere a las priseres pratenses psamoserales, que manifiestan su mayor desarrollo en las dunas costeras. Otra prisere de regular importancia es aquella constituida por plantas anuales o terófitas en clímax de pastos perennes. Estas son de escasa importancia por su superficie. Sin embargo, si se considera a la **pradera anual mediterránea** del centro de Chile, que está constituida por plantas anuales endémicas y naturalizadas, como una etapa sucesional de una sere que concluye en clímax de pastos perennes, este último grupo de praderas sería importante. Sin embargo, debe mencionarse que, en el presente trabajo, la pradera mediterránea anual ha sido considerada como un disclímax o subclímax de clímax matorral o bosque latifoliado de altura reducida.

Las praderas sucesionales son biocenosis intermedias que se desarrollan luego que las poblaciones que constituyen las etapas serales anteriores se auto-eliminan y con anterioridad al establecimiento de las poblaciones que invaden y, finalmente, reemplazan a aquellas características de las praderas (Figura 1-4). En ella puede observarse que las poblaciones características de la etapa pratense colonizan y se establecen, presentando tasas de natalidad e inmigración inicial-mente altas (), pero ellas decrecen a medida que la interferencia intraespecífica aumenta. Luego y con posterioridad, la tasa de natalidad se incrementa debido a la mayor densidad y, por consiguiente, competencia. Ello es la causa de la invasión de especies características de etapas serales más avanzadas, las que finalmente terminan por dominar el bioma pratense.

Figura 1-4. Esquema hipotético de la variación de la tasa de cambio en praderas sucesionales sin aporte adicional de diseminulas

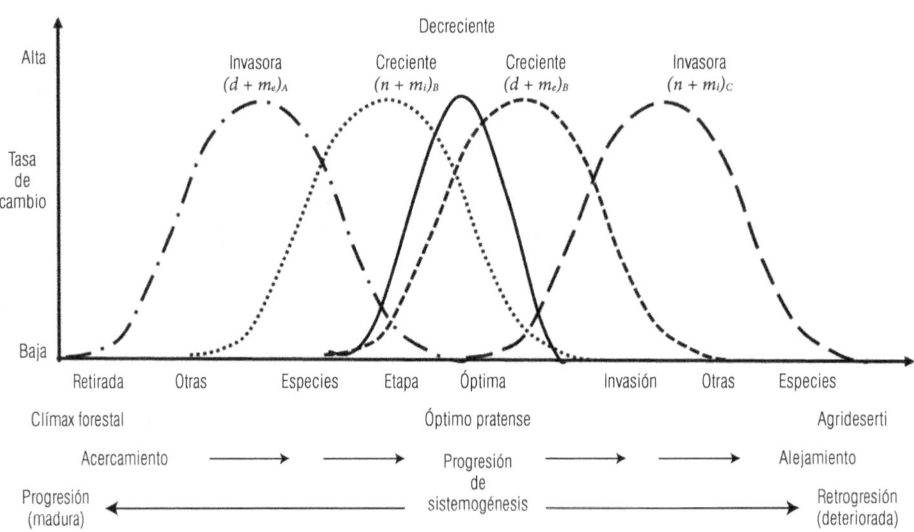

n = natalidad; m_i = inmigración; d = mortalidad; m_e = emigración.
A y C representan especies no características de la etapa óptima, las cuales se presentan, respectivamente, en etapas suce-sionales anteriores y posteriores a ella. B representa una especie característica de la etapa óptima (original).

Entre las priseres inducidas cobra especial importancia el control de dunas con *Ammophila arenaria*, la que posteriormente es reemplazada por bosques naturales o cultivos forestales.

El otro grupo de praderas sucesionales está constituido por subseres pratenses o praderas no climáxicas de las sucesiones secundarias. Uno de los grupos más característicos de praderas pertenecientes a esta categoría está representado por praderas derivadas de la alteración de la cubierta vegetal con implementos que modifican el medio edafotópico, tales como: arados, rastras, rotovator, cultivadoras y otros. Este grupo ha sido denominado **cultiseres prístinas** o praderas sucesionales prístinas postalteración mecánica.

El grupo recién descrito se divide en dos categorías principales. El primero de ellos, está representado por praderas que necesitan adición de semillas o disemínulas para desarrollarse. En este grupo se encuentran las praderas **temporales o anuales**, tales como aquellas de avena (*Avena sativa*); trigo (*Triticum aestivum*); o cebada (*Hordeum vulgare*) establecidos para ensilaje, trébol alejandrino (*Trifolium alexandrinum*), maíz de ensilaje (*Zea mayz*), sorgo (*Sorghum vulgare*) y avena con arvejilla (*Vicia atropurpurea*).

Las praderas bianuales y las de **rotación corta** que duran más de un año y menos de cuatro, por el hecho de estar constituidas principalmente por especies prístinas, pioneras de las sucesiones secundarias requieren ser mantenidas en las etapas sucesionales iniciales. Así se tiene que tales praderas deben ser destruidas periódicamente con implementos mecánicos y reemplazadas por otros de la misma naturaleza, pero más joven. El objetivo principal de esta práctica es mantener el carácter pionero de los componentes botánicos de la pradera.

La **Figura 1-5** presenta un esquema hipotético de la variación de la densidad de las plantas útiles en cultiseres prístinas con aporte adicional de disemínulas y sin reproducción vegetativa posterior a la población aportada. En ella se observa que, al establecer la pradera, la tasa de natalidad y de inmigración es muy alta durante un período relativamente corto, el cual coincide con la germinación de gran número de semillas y la emergencia de las plántulas. Luego, esta línea desciende bruscamente, lo cual coincide con el agotamiento de las semillas potencialmente en condiciones de germinar, pues la reserva de ellas en el suelo es muy baja y el almacenamiento de semillas duras, mucho menor.

Simultáneamente, a la curva anterior se presenta la curva de reducción de la población, debido a mortalidad y emigración. Dada la naturaleza de las especies pratenses se presume que la tasa de emigración es muy baja, cercana a cero y la de mortalidad de plántulas en el período de establecimiento es muy alta. Luego de establecida, la tasa de mortalidad disminuye a un mínimo mientras dura el período de longevidad fisiológica de los organismos que componen la pradera. Cuando la longevidad de los organismos llega a un límite y aparecen organismos fisiológicamente seniles, la tasa de mortalidad de la población aumenta normalmente, al cabo de lo cual la pradera termina por desaparecer.

Figura 1-5. Esquema de la variación de la densidad en pradera culti-sucesionales prístinas con aporte adicional de disemínula y sin reproducción vegetativa

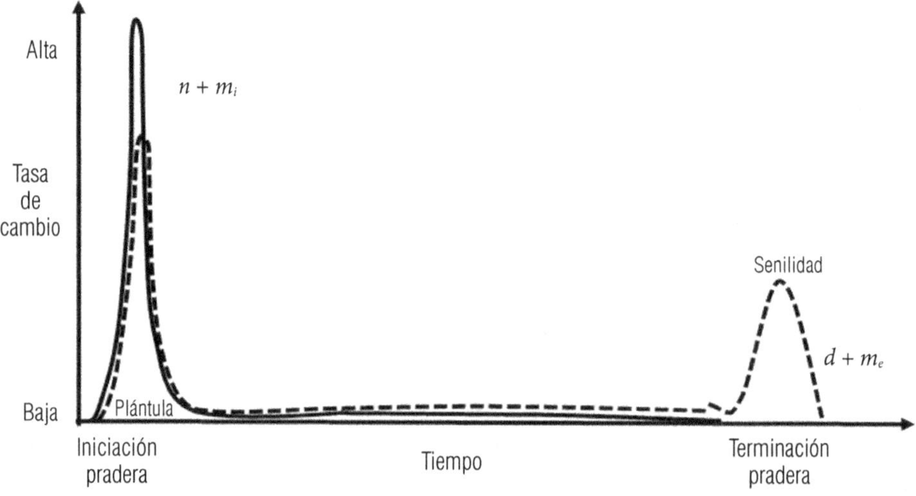

n = natalidad; m_i = inmigración; d = mortalidad; m_e = emigración (original).

Un ejemplo que se ajusta dentro de los límites descritos para este grupo de praderas es el trébol rosado (*Trifolium pratense*). Se trata de una planta bianual hemicriptófita, que presenta muy mala resiembra natural. Al cabo de uno y medio a dos años la mortalidad de individuos adultos aumenta notablemente y, por lo tanto, la densidad de la especie útil principal disminuye notablemente. La competencia interespecífica originada por *Trifolium* disminuye, debido al debilitamiento fisiológico de los individuos que la componen como así mismo a la reducción de la densidad. En esta forma, plantas invasoras ocupan los espacios desocupados por los organismos pratenses útiles. El reemplazo ocurre en forma brusca al término del período de longevidad fisiológica de los individuos pratenses que componen la comunidad natural.

La forma de mantener el carácter de prístino de una comunidad compuesta principalmente por individuos pioneros, que no se reproducen en forma natural, es mantener los factores físicos y bióticos del ecosistema en una magnitud biológica similar a los de las comunidades pioneras. Esto se logra con alteración mecánica del medio, ocasionada al término del lapso fisiológico de vida de los individuos que la forman. Además, por tratarse de especies que manifiestan una tasa de natalidad y de migración muy baja, la pradera pionera requiere para su regeneración del aporte adicional de semillas o disemínulas.

La variación de la densidad poblacional de plantas pratenses útiles en praderas cultiserales prístinas que presentan reproducción vegetativa con posterioridad al establecimiento de las plántulas aparece esquemáticamente representada en la **Figura 1 6**. En ella se resumen las causas de los aumentos debido a natalidad y las etapas características de la mortalidad ecológica y fisiológica.

Figura 1-6. Esquema hipotético, de la variación de la densidad poblacional de las plantas pratenses útiles en las praderas culti-sucesionales, prístinas, con aporte adicional de disemínulas y con reproducción vegetativa post-establecimiento (original)

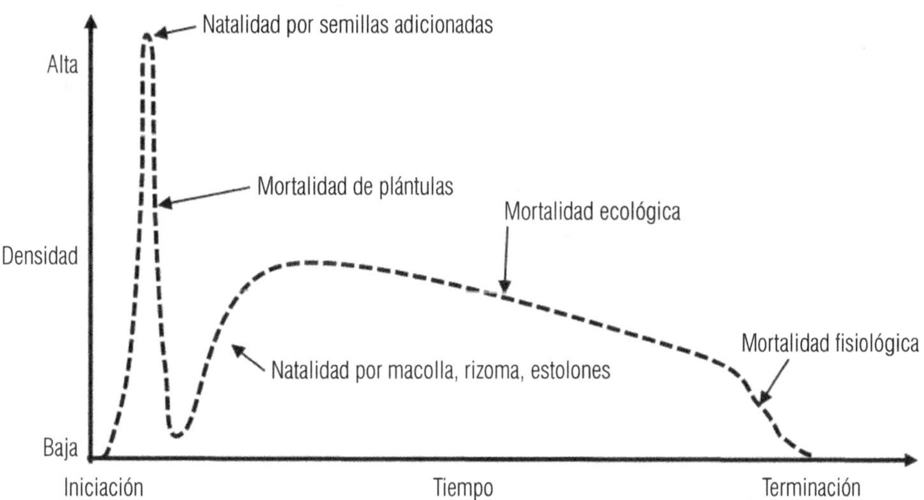

Otras especies ampliamente cultivadas, tales como: alfalfa (*Medicago sativa*) y ballica inglesa (*Lolium perenne*), también hemicriptófita, corresponden a este grupo. La mayor diferencia es, sin embargo, que el lapso de vida de los individuos en el medio ecológico natural es generalmente mayor de tres a cuatro años. Al término de este período, la densidad de los individuos en el medio ecológico natural es generalmente mayor, de tres a cuatro años. Al término de este período, la densidad de los individuos pratenses comienza a disminuir debido al incremento de la mortalidad y una natalidad muy baja, nula o casi nula.

Puede ocurrir, sin embargo, que por razones ecofisiológicas, el largo de vida fisiológica de los individuos que constituyen el principal elemento botánico de la pradera sea mayor. Tal es el caso en los valles transversales del desierto de Atacama donde se encuentran algunos alfalfares (*Medicago sativa*), de diez o más años de edad, posiblemente al no ser afectadas por enfermedades a nivel de la raíz, como ocurre en la zona central de riego. En este caso se trata también de cultisucesiones prístinas. La única diferencia es de magnitud, pues el largo de vida de las plantas es mayor, por lo tanto, la tasa de mortalidad es menor y, además, la tasa de natalidad es, también, algo mayor. La competencia ejercida por organismos vegetales invasores, es menor debido a una flora potencial de especies residentes más pobre. Además, la presencia y acción de fitoparásitos causantes de muerte prematura de plantas, tales como nemátodos del tallo y de la raíz (*Ditylenchus dipsaci*, Kuhn) es mejor, pues el aislamiento y las condiciones ambientales son menos favorables para el desarrollo de esta enfermedad. En otros casos se produce prolongación fisiológica de la longevidad de los individuos que componen la pradera debido a sus relaciones internas del corte. Tal es el caso de trébol blanco (*Trifolium repens*), que bajo la influencia del pacimiento presenta tasas de mortalidad más bajas.

El mayor desarrollo de las praderas cultivadas ha sido principalmente dentro de las praderas sucesionales no clímax. Es natural que así haya ocurrido, pues se trata generalmente de plantas de corta vida, altos rendimientos y capacidad competitiva interespecífica muy alta. Por lo tanto, el mejoramiento genético ha sido más rápido y eficiente.

Cualquier tipo de progresión sucesional que ocurra en este tipo de pradera, a pesar de representar un mejoramiento de la condición ecológica para la pradera significa un deterioro, pues ocasiona un alejamiento progresivo y una disminución de la tasa de natalidad de las especies deseables, unido a un incremento de su mortalidad. La única forma de mantener este tipo de praderas es mediante la aradura y resiembra periódica de los principales componentes botánicos del bioma.

Otro grupo importante de praderas está constituido por las mismas praderas culti-sucesionales prístinas postalteración mecánica del medio edáfico, pero en este caso, sin aporte adicional de semilla o disemínulas. Estas son las praderas que crecen después de barbechos que por una u otra razón han sido abandonados sin sembrarse, o bien, después de cultivos tales como: cereales, maíz, legumbres, remolacha y hortalizas. Posterior a la cosecha del cultivo, la tierra es abandonada y no se recurre a la adición de semillas o disemínulas de especies forrajeras o pasturas, son las denominadas praderas rastrojeras (a partir de rastrojos de cultivos). Estas son praderas de malezas o naturalizadas denominadas posíos de primer año o "n" años y generalmente son de gran variabilidad en su composición botánica de acuerdo al sitio y uso previo del área. Generalmente la proporción y el volumen total de forraje útil producido son escasos, aunque en algunos casos es significativo, por ejemplo, al contar con especies como *Medicago arabica*, entre otras, además de *Lolium multiflorum*, ambas anuales, voluntarias.

En todos aquellos sitios donde el clímax está constituido por organismos fisionómicamente diferentes a los productores de forraje útil, el alejamiento progresivo de la etapa sucesional pionera, aun en aquellas praderas donde se ha aplicado una adición de semillas o disemínulas ocasiona un deterioro de la pradera.

Pirosucesiones o praderas sucesionales píricas son importantes en zonas de bosques, mata y matorral donde el fuego haya destruido la cubierta natural. La producción de tejido vegetal útil es, a menudo, superior cuando las plantas leñosas no útiles han sido eliminadas. La pradera, que bajo estas condiciones se desarrolla es generalmente más productiva, aun bajo circunstancias donde no se ha hecho un aporte adicional de semillas.

El fuego como elemento inductor de sucesiones suele usarse también en forma exitosa en praderas clímax de pastos perennes. El fuego o roce se repite periódicamente en lapsos cortos de tiempo con el objeto de incrementar la producción de tejido vegetal útil, eliminando el tejido decrépito o lignificado. Así, en esta forma, se modifica la proporción de organismos útiles, aumentando la densidad de los más deseables y disminuyendo la densidad de los pocos deseables. Fuera de ello, la proporción de tejido utilizable proporcionada por los organismos útiles también aumenta, y en esta forma, la biomasa producida de forraje útil en la pradera, aumenta. Quemas periódicas en zonas de bosques y matorral son también frecuentes. Es una de las formas más económicas y simples de aumentar la producción de la pradera, especialmente en aquellos sitios donde la capacidad de uso de la tierra corresponde a pradera. Sin embargo, hoy en día es una práctica no recomendable por los muchos efectos negativos que genera tanto en el suelo como en el entorno donde se efectúa. En praderas pirosucesionales el máximo desarrollo de la capacidad productiva se logra en intervalos muy cortos después de la iniciación de la sucesión secundaria, en tal forma que en la práctica cualquier cambio en la etapa sucesional significa, en la mayoría de los casos, un alejamiento sucesional progresivo sea este en sitios con clímax bosque o matorral y, a menudo, incluso en clímax pradera de plantas perennes.

La inducción de sucesiones secundarias en áreas previamente alteradas por agentes antropogénicos significa generalmente avance pratense. Caminos abandonados, cortes de terrenos y otros movimientos de tierra se manifiestan originalmente descubiertos de vegetación. El cese de la acción humana significa un lento acercamiento sucesional progresivo hacia la pradera y, por consiguiente, un aumento en la productividad de forraje útil. Ocasionalmente, luego que la etapa sucesional pratense óptima ha sido lograda, ocurre un alejamiento progresivo hacia el clímax. Esto significa en muchos casos, el desarrollo de una cubierta vegetal más favorable desde el punto de vista de conservación del suelo, en especial en lo que se refiere a cortes del terreno u otras áreas susceptibles de erosión.

La remoción de vegetación arbórea o arbustiva por medios mecánicos sin la adición de otros recursos bióticos significa también inducción de sucesiones vegetales. Algunas de las etapas sucesionales intermedias representan, frecuentemente, formas fisionómicas características de praderas cuyo tejido vegetal producido es, a menudo, utilizado por consumidores primarios útiles.

Las praderas postdisclímax pratense son aquellas en las cuales se manifiestan sucesiones, pero estas son inducidas por el cese de factores limitantes temporales que han dejado de actuar, los cuales previamente han mantenido un disclímax por un período prolongado de tiempo.

Finalmente, puede mencionarse entre las subseres a las praderas postdisclímax fertilizante o fertiseres. Son aquellas etapas serales retrogresivas que se manifiestan en praderas post clímax que han sido mantenidas en ese estado debido a la adición periódica de elementos fertilizantes aportados desde fuera del ecosistema. Cuando la adición periódica de fertilizantes se interrumpe, se produce una retrogresión hacia el clímax natural, o bien, hacia otro disclímax. Algunas prácticas frecuentes de manejo de praderas están orientadas hacia el desarrollo de praderas sucesionales intermedias de transición desde el disclímax al clímax u otra forma de disclímax.

Las praderas sucesionales, son en sí mismas de una naturaleza tal que por muy bien que se les maneje deben finalmente autodestruirse. La razón de ello es que por no estar en equilibrio están constantemente produciendo modificaciones en su balance hídrico, energético y ciclos biogeoquímicos. Además, aunque sean bien manejadas las tasas de natalidad de las mejores especies son muy bajas y, por lo tanto, no se regeneran a sí mismas.

El avance sucesional significa en este caso empeoramiento de la condición.

Las praderas en equilibrio, al contrario de las anteriores cuando se encuentran sometidas a un régimen de buen manejo, no deben ser resembradas ni regeneradas, puesto que por su naturaleza no producen cambios que conduzcan finalmente a una nueva etapa sucesional.

Las praderas en equilibrio se dividen en dos grupos principales: el primero de ellos se refiere a las praderas verdaderas o clímax. Este grupo es de mayor importancia por cuanto representa el equilibrio natural del ecosistema. El equilibrio pratense de este grupo de praderas significa que los factores físicos y biológicos, animales y vegetales son de tal magnitud biológica que mantienen indefinidamente un bioma que fisionómicamente corresponde a las características pratenses. El segundo grupo representa a las praderas disclímax.

La productividad máxima de la pradera, tanto en relación a su potencial biológico como a las implicaciones económicas que de ella derivan es mayor a medida que se obtiene un acercamiento climáxico. Sin embargo, en forma práctica, a menudo, no es posible mantener el clímax natural por cuanto en manejo ganadero es necesario hacer algunos cambios que directa o indirectamente modifican el ecosistema natural.

Las especies animales que constituyen la mayor causa de consumo del bioma son corrientemente reemplazadas por otras especies domesticadas que transforman el tejido vegetal en compuestos orgánicos de mayor utilidad para el consumidor, en este caso el hombre. Así los diversos organismos herbívoros que en forma natural utilizan la biomasa producida por el bioma son reemplazados por ganado. Los mamíferos herbívoros superiores salvajes, como así mismo otros grupos de herbívoros tales como: aves, insectos, ácaros, nemátodos, etc., son a veces más eficaces transformadores de energía. Sin embargo, a menudo es conveniente reemplazarlos por animales domésticos por cuanto la cosecha posterior de los consumidores primarios se simplifica y, al mismo tiempo, los rendimientos de productos consumibles por el hombre también aumentan. El tamaño de los campos disminuye, el pisoteo y aguadas, la carga animal en proporción a la biomasa utilizable se modifica y otros cambios menores, son los causantes de los cambios resultantes en la pradera clímax.

El concepto de condición ha sido tradicionalmente aplicado a este grupo de praderas. La definición tradicional del concepto así lo indica, ya que condición ha sido definido como el porcentaje de plantas clímax (Dyksterhuis, 1949). Esta definición supone, entonces, que lo mejor debe ser la pradera en equilibrio o clímax, lo cual como se ha señalado en los párrafos anteriores, no es necesariamente una realidad, puesto que alguna etapa sucesional diferente al clímax puede producir mayor biomasa de tejido vegetal útil, ya se trate de biomas en estado sucesional o de equilibrio.

En forma tradicional se ha considerado que el clímax es la etapa sucesional más productiva. Sin embargo, no puede ser así, por cuanto los ecólogos teóricos han demostrado que el clímax $P_b - R = P_n = 0$. Así la producción neta de biomasa útil por unidad de superficie y tiempo es cero. Lo que se persigue es, por lo tanto, mantener la biocenosis en una etapa anterior al clímax, donde es mayor de cero. La clasificación de la condición se hace, sin embargo, en relación a un patrón de comparación standard y bien conocido para cada sitio, el clímax.

Las praderas zonales son de mayor significación en relación a la superficie que ellas ocupan. Los principales grupos representados en el país son las praderas de hierbas perennes, tales como: la patagónica (*Festucetum gracillimae*), punense (*Festuca ortophilla*), veranadas altomontanas (*Festuca scabriuscula* Phil) y la mediterránea perenne, hemicriptófita (*Nasella chilensis*, u *Hordeun chilense*). Esta última, hipotéticamente tuvo importancia en tiempos pretéritos, aunque no ha sido posible demostrar que realmente hubo tal formación en el pasado. Si así ocurriera, el clímax real sería la pradera de especies perennes y, por lo tanto, el matorral y la pradera anual mediterránea serían solo disclimaxes.

Las praderas azonales mantienen su equilibrio limitadas generalmente por algún factor edáfico, principalmente napa freática y sales solubles. Ocupan pequeños sectores a orillas de ríos, lagos y costa, o bien regiones que por su constitución geológica presentan características hídricas locales diferentes de las de otras regiones vecinas.

Las praderas climaxes azonales más prominentes en el país son las que se desarrollan en el curso inferior de los ríos en la zona del desierto de Atacama y Valles Transversales, donde existe una excesiva acumulación de sales.

Entre las hídricas no salinas puede mencionarse a las ribereñas o riparianas que existen a lo largo de los bordes de los ríos y las vegas que se desarrollan en las zonas de emergencia natural de agua (*Lotus corniculatus* var tenuis). Finalmente, los ñadis que obedecen a circunstancias climáticas y geológicas de la zona sur y que, en algunos lugares, desarrollan praderas (*Lotus tenuis*), aunque en la mayoría de los casos el bosque es el producto climácico. Las praderas hídricas no salinas pueden ser consideradas como clímax solo si se utiliza el significado policlimáxico de la palabra. Utilizando el significado monoximáxico en la forma tradicional, estas praderas solo representarían una etapa sucesional intermedia de un clímax bosque.

Las praderas disclímax se encuentran en el país bajo las más variadas condiciones ambientales. Representan una proporción muy importante de la superficie total de ellas. El manejo de la pradera en forma tal de mantener indefinidamente un equilibrio sucesional permanente puede representar la obtención de una productividad de biomasa muy alta.

El término "ecosistema antropogénico" fue propuesto por Tansley (1935), para la vegetación que se origina directa o indirectamente bajo la acción de tratamientos culturales del hombre. Bosques transformados en praderas bajo la acción de animales de pastoreo fue sugerido como un ejemplo por el mismo autor.

Las praderas disclímax se caracterizan por presentar un balance de estabilidad de los diversos elementos integradores del ecosistema, ya sea, que se trate de procesos, funciones, niveles u organismos. Se diferencian de las praderas clímax en que la magnitud biológica de los diversos elementos ambientales es diferente a la magnitud natural de ellos, en la forma que se presentan en ecosistemas naturales. De acuerdo al elemento modificado, el cual permite, finalmente, mantener el equilibrio a un distinto nivel que el del clímax se han dividido las praderas en cuatro categorías: zoocenosis, fitocenosis, edafotopos y climatopos.

Los animales pratenses que son parte integral de la zoocenosis son considerados como la causa modificadora del medio pratense. La vegetación natural en equilibrio en suelos zonales es más estable que la vegetación natural desarrollada en equilibrio con un suelo inmaduro; pero el suelo es también considerado como un elemento del ecosistema, lo cual coincide con el punto de vista policlimáxico (Dyksterhuis 1958).

Algunos de los variados beneficios que se pueden obtener en la vegetación debido a la influencia de los animales herbívoros han sido resumidos por Ellison (1960). El ramoneo y pacimiento estimula la producción de flores y frutos. La utilización de la vegetación herbácea puede resultar en una disminución de las reservas radiculares, de follaje, raíces y producción de flores.

El pacimiento de la vegetación puede contribuir a producir modificaciones anátomo-morfológicas de la vegetación que le permita soportar en mejor forma la sequía, al reducir la superficie foliar y establecer una relación más favorable entre la copa y el sistema radicular. Al mismo tiempo, el pacimiento reduce la cantidad de mantillo, lo cual finalmente se traduce en un mejor y más precoz crecimiento de la vegetación pratense.

Los animales son también activos transportadores de disemínulas de especies pratenses, tanto interna como externamente. Al mismo tiempo, mediante el pisoteo contribuyen a situar las disemínulas en condiciones más favorables para la germinación y desarrollo inicial. Los senderos del ganado, que tienden a seguir el contorno de las laderas, detienen el escurrimiento superficial del agua contribuyendo así a una mayor infiltración. Sin embargo, la existencia de huellas bien definidas, es indicativo de pastoreo excesivo, lo cual es, a la vez, responsable de una menor infiltración. Finalmente, una de las influencias mayores de los animales de pastoreo es la producción de deyecciones sólidas y líquidas, mediante las cuales se fertiliza la pradera. Este proceso no significa aporte de nuevos elementos al suelo, puesto que es lo que obtienen de la mayor vegetación que consumen.

Toda la evidencia que se tiene en relación de la dependencia de las especies pratenses con los animales que las utilizan es considerada de naturaleza negativa para el vegetal y positiva para el animal, es decir, un consortismo del tipo parasitario. Sin embargo, toda la evidencia que se tiene indica también que después de milenios de utilización de praderas, la vegetación sigue dominada por las especies más palatables, las que a la larga son beneficiosas. En general, puede concluirse que los beneficios del pastoreo son sobre el ecosistema y la pradera y no sobre las especies palatables o preferidas por el ganado, las cuales son primordialmente consumidas (Ellison, 1960).

La especie, raza o clase de ganado o vida silvestre y la intensidad y época de utilización de la pradera pueden ser modificadas por quien maneje y utilice la pradera. Ello induce sobre el bioma pratense modificaciones de variada naturaleza, los cuales finalmente ocasionan cambios en la composición botánica y por ello en la productividad.

Las fitocenosis pueden, también, ser modificadas mediante la acción directa y mediante el control mecánico selectivo sobre algunos grupos de organismos. La presencia de algunos grupos de plantas, tales como algunas terófitas mediterráneas puede ser la causa de la detención permanente de las sucesiones en un nivel inferior al clímax.

La consideración principal que debe tenerse al mantener un disclímax es determinar si este realmente representa una productividad alta o baja, en relación al potencial del sitio. Diversos disclímaxes pueden producirse en cada sitio y ellos pueden ser más productivos que las praderas sucesionales o de clímax natural. La manipulación de los factores ambientales puede conducir, finalmente, a un incremento de la productividad de biomasa por unidad de área y tiempo.

El avance alcanzado en los últimos años por las ciencias agropecuarias y forestales en el campo tales como: suelos, bioquímica, genética, ecología, fisiología vegetal y animal, nutrición y otros campos que tienen directa influencia en el funcionamiento del ecosistema ha permitido conocer en forma más objetiva la naturaleza de las limitaciones de la productividad. Este conocimiento más profundo, unido, a su vez, a la capacidad de modificar muchos de los factores edafotópicos y climatópicos del medio, permite, en muchos casos, mantener praderas disclímax de mayor productividad que las sucesionales, como las del clímax.

La naturaleza de las relaciones sinecológicas de las praderas disclímax hacen posible utilizar el concepto de condición en la misma forma que se ha utilizado en aquellas de clímax natural. El concepto puede aplicarse en forma similar a lo que se hace con otras praderas. Solo debe determinarse las funciones matemáticas que relacionan las características con la productividad primaria y secundaria del bioma pratense.

Smika *et al* (1963), por ejemplo, encontraron respuesta diferente de variadas especies pratenses a la acción de los fertilizantes minerales, cultivos y la interacción de ambos. Los pastos nativos y naturalizados no mostraron respuesta a la aplicación de fertilizantes nitrogenados y fosfatados, pero en cambio, *Agropyron desertorum*, aumentó, al mismo tiempo que redujo el porcentaje de malezas en la pradera, pues debido a la acción del fertilizante se aumentó la competencia con las malezas, como resultado del mayor desarrollo y crecimiento alcanzado por esta gramínea. Esto conduce, finalmente, a diferentes cauces sucesionales que se generan a distintas velocidades y conducen a otros disclímaxes.

Las especies pratenses reaccionan diferentemente al pastoreo o a la remoción de tejido, en general. En ciertas épocas del año se observa una reducción de la producción de semillas de algunas especies, más que de otras, lo cual limita la prevalencia de algunas especies en la vegetación (Horton *et al*, 1957).

Las leguminosas de raíces profundizadoras (*Medicago sativa* L) almacenan sus reservas de carbohidratos en las raíces, pero las estoloníferas (*Trifolium repens*) lo hacen en los estolones, en todos aquellos casos la altura de corte no es responsable de la remoción de carbohidratos con el follaje. En gramíneas, en cambio, los carbohidratos no estructurales se almacenan en parte en las raíces y rizomas, pero primordialmente en el sector inferior de la vaina y, por lo tanto, al corte o pacimiento muy bajo es responsable también de una remoción considerable de los carbohidratos no estructurales almacenados en la planta. La velocidad de recuperación y el vigor se reduce al ser sometidos a cortes o pacimientos muy bajos. Para las gramíneas, la altura de corte no es tan crítica como lo es la frecuencia y época de defoliación (Sprague, 1952).

Reed y Peterson (1961), llegaron a la conclusión que, bajo la presión ejercida por el pastoreo estival más intensivo, se reduce la altura de los culmos florales de las gramíneas forrajeras. Además, se reduce el peso de los culmos, lo que se traduce, finalmente, en la disminución de la producción de las especies más palatables. Simultáneamente, ocurre un predominio de las especies de menor altura, las cuales, a su vez, son menos accesibles al ganado vacuno.

En regiones de pastos altos, bajo condiciones de pastoreo intensivo, se ha visto disminución de las especies que componen la estrata herbácea superior y, al mismo tiempo, dan cabida a pastos cortos, especies anuales y leñosas. Dyksterhuis (1946), atribuye a la presencia e invasión de árboles y arbustos formando sabanas y matorrales a la reducción de la competencia por la humedad del suelo, que se produce al sobrepastorear la pradera, debido a la disminución del desarrollo de la copa y sistema radicular de los pastos palatables.

El grado de perfección de un ecosistema pratense clímax se mide por la relativa estabilidad del equilibrio entre clima, vegetación y suelo (Dyksterhuis, 1958), y por la integridad de la utilización de los componentes ecotrópicos y biocenóticos al nivel más alto.

CAPÍTULO 2

SALUD ECOLÓGICA DE LA PRADERA

Desde un comienzo, cuando se desarrolló y clarificó tanto la mecánica misma como los principios involucrados en la "evaluación" de praderas mediante el método que se denominó "condición", la determinación de la composición botánica en el momento que se realiza la evaluación de la pradera y la composición botánica clímax correspondiente al sitio respectivo, han sido los fitómetros principales de evaluación.

Categorías de Organismos y Balance en la Composición Botánica

Por tratarse de praderas naturales, las cuales generalmente se caracterizan por tener una composición botánica muy variada de organismos vegetales en la estrata herbácea pratense, las diversas especies han sido tradicionalmente clasificadas en grupos. Básicamente, a pesar de encontrarse una relativa variedad de denominaciones, cada uno de estos grupos corresponde, en general, a conceptos similares.

Hanson *et al* (1931), clasificaron a las especies herbáceas que componen la pradera en tres grupos principales: deseables, indeseables e indeferentes. En 1940, Smith, usó cuatro categorías que integran toda la gama de posibilidades de las especies que pueden presentarse en un bioma pratense en varias etapas sucesionales o condiciones. El primer grupo de plantas está representado por aquellas especies que se eliminan o que decrecen en abundancia a medida que se produce un alejamiento retrogresivo desde el clímax. El segundo grupo está representado por las especies que aumentan. Los otros dos grupos son aquellos en los cuales las especies invaden y aquellos en que las especies son relativamente no afectadas.

Daubenmire (1940) clasificó las especies que componen la vegetación de una pradera en cuatro grupos: decrecientes, crecientes, inafectables, y un cuarto grupo, las invasoras, representado por aquellas especies que se benefician cuando se les elimina la competencia interespecífica de las dominantes climáxicas. Weaver y Clements (1941), clasificaron las plantas pratenses en tres grupos principales: las que decrecen, las que aumentan y las que invaden. Dyksterhuis (1949) clasificó a los grupos de plantas ya descritas por otros autores como: decrecientes, crecientes e invasoras.

Plantas decrecientes, son todas aquellas típicas de la etapa sucesional clímax, pero que al ser utilizadas por herbívoros ajenos al clímax disminuyen su porcentaje de composición botánica. Las plantas crecientes son también típicas del clímax, pero bajo condiciones de pastoreo, a medida que la condición alcanza un cierto grado de deterioro la situación se invierte y comienzan ellas también a decrecer. Las plantas invasoras no son típicas del clímax, pero se encuentran presentes en áreas que han sido alteradas, lo que correspondería al *agrideserti*.

Voight y Weaver (1951) también clasificaron la vegetación herbácea en crecientes, decrecientes e invasoras. Parker en 1951 usó grupos similares, pero los denominó en forma diferente, aun cuando de acuerdo a su definición, corresponden aproximadamente a lo mismo: deseables, intermedios e indeseables. Tres años después, en 1954, se denominó al último de estos grupos menos deseables, debido a que en manejo de praderas, desde el punto de vista de conservación de los recursos edáficos ningún grupo de plantas puede ser indeseable.

Los objetivos de este trabajo indican que es conveniente clasificar a los organismos vegetales pratenses en cuatro grupos en lugar de los tres corrientemente usados, a saber: decrecientes, crecientes, invasoras, e indiferentes (Figura 2-1). Los tres primeros grupos corresponden aproximadamente con la definición de Weaver y Hanson (1941) y Dyksterhuis (1949) (Figura 2-2). El cuarto grupo, el que representa las plantas indiferentes está basado en las ideas de Smith (1940).

Cada uno de los organismos vegetales o animales modifica la tasa de cambio de la población al ser sometidos a influencias de los factores ambientales de distintas magnitudes. Por ello, cada uno de los organismos reacciona independientemente, pero dentro de marcos generales que permite su clasificación en las tres o cuatro categorías indicadas en los trabajos revisados. El único mecanismo fitosociológico responsable del aumento o disminución de la densidad poblacional, a medida que se producen progresiones sucesivas o retrogresivas es la etapa de natalidad, mortalidad y migración de cada población (Gastó, 1969 y Gastó y West, 1970).

Figura 2-1. Porcentaje de composición botánica de los diversos grupos de organismos de acuerdo a la condición de la pradera (Gastó y West, 1970)

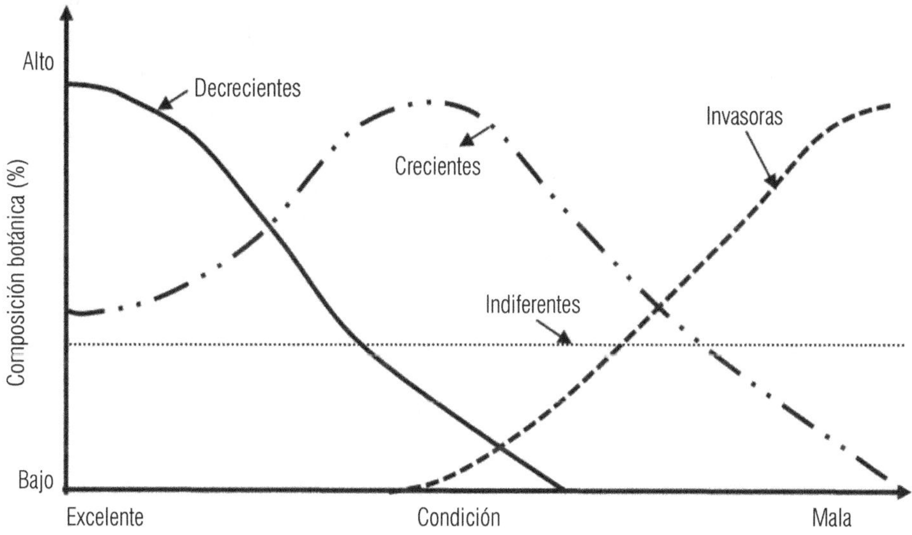

Figura 2-2. Porcentaje de composición botánica de los diversos grupos de organismos de acuerdo a la condición de la pradera (según Dyksterhuis, 1949)

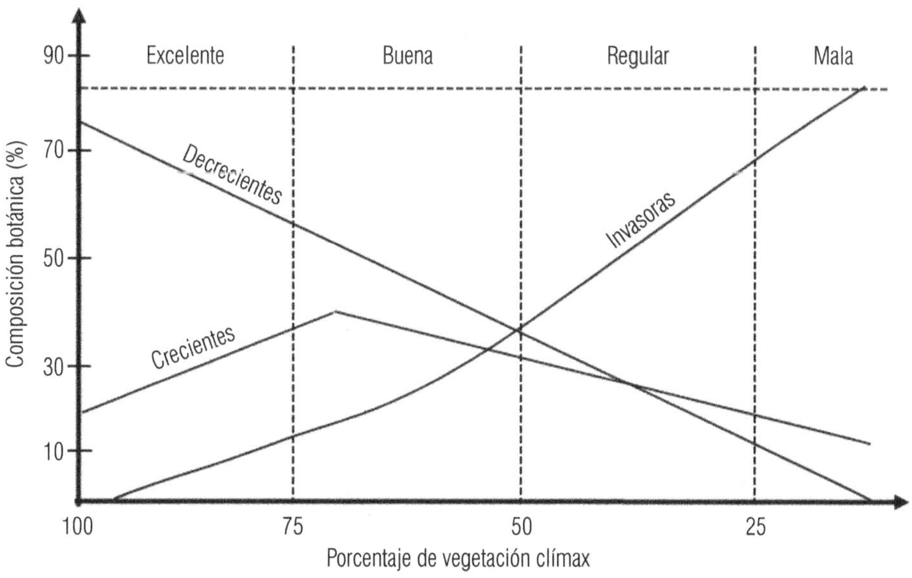

Dos consideraciones deben tenerse en cuenta al utilizar la clasificación de los organismos vegetacionales para determinar la condición. La primera de ellas es que, de acuerdo a las ideas presentadas en este trabajo, cualquier organismo animal o vegetal puede utilizarse para determinar la condición. Por esta razón, en lugar de utilizar el término de planta, debe reemplazarse este, por organismo.

La segunda consideración es que implica la existencia de un grupo de organismos no indicadores de cambios sucesionales dentro de los límites de las etapas sucesionales pratenses. Este grupo, por no demostrar buena correlación con la producción real de la pradera, no deben ser utilizadas como una medida de la condición. Los otros tres grupos de organismos indicadores, los decrecientes, crecientes e invasores, considerados tanto en forma aislada específica o en grupos de especies, pueden ser utilizados como indicadores.

La inclusión de praderas sucesionales, clímax y disclímax en la discusión de condición requiere, además, la generalización de algunos términos. En este sentido, deterioro de la condición debe ser definido más exactamente. Tradicionalmente deterioro ha sido sinónimo de retrogresión sucesional de la pradera. Esto es válido para las praderas clímax, por cuanto la única forma de deterioro de estas es la evolución sucesional hacia etapas inferiores. Esto no es el caso en praderas sucesionales o disclímax, donde tanto las sucesiones progresivas o retrogresivas pueden ser la causa de la degradación pratense.

La denominación y clasificación de los grupos de organismos que se encuentran en las diversas etapas sucesionales de importancia pratense no debe hacerse solo en relación al clímax. El fitómetro de comparación debe ser la etapa sucesional de óptima producción pratense, sea esta clímax, subclímax o cualquier otra etapa de mayor productividad. En lugar de usarse retrogresión como un sinónimo de deterioro de la pradera, deben usarse los términos alejamiento progresivo y alejamiento retrogresivo, ya sea que la pradera se deteriore efectivamente por un avance sucesional desde la etapa óptima, o bien por un retroceso desde ella.

Las mejores plantas pratenses que se encuentran en una pradera se caracterizan, según Blair (1947) por producir mayor cantidad de alimento para el ganado u otros animales útiles. Además, proveen a la pradera de la mayor protección contra la erosión y fuego, y producen la mayor ganancia de peso del ganado por unidad de superficie.

Toda la gama de categorías de plantas puede estar representada en una pradera, algunas de ellas pueden ser excelentes, desde el punto de vista de protección del suelo y producción de forrajes y, otras, pueden ser muy malas.

La persona encargada de manejar la pradera necesita conocer cuáles plantas proporcionan alimento de mejor calidad y cantidad para el ganado y vida silvestre, en qué lugar de la pradera ellas se encuentran y cuándo es su mejor época de utilización.

Las características más sobresalientes que, en general, deben tener las plantas pratenses para pertenecer a cada grupo son, según Blair (1947), las siguientes:

- Plantas pratenses deseables:
  - Aceptables por el ganado
  - Altamente nutritivas
  - Libres de sustancias tóxicas agudas u otras características morfológicas poco deseables
  - Altos rendimientos
  - De más larga vida y con un período de utilización más prolongado
  - Con sistema radicular profundo
  - Buenas protectoras y mejoradoras de suelo
  - Abundantes en praderas utilizadas adecuadamente
  - Disminuyen a medida que la condición se deteriora
- Plantas pratenses intermedias:
  - Consumida por el ganado o vida silvestre útil con menor preferencia
  - Solo moderadamente buenas como mejoradores de suelo y desarrolladoras de estructura
  - Con aristas duras u otras características inconvenientes para el ganado o vida silvestre útil
  - Con sistema radicular superficial
  - De vida más corta
  - Anuales y deben provenir de semillas cada año, o bien de menor longevidad más corto cuando se trate de praderas de plantas anuales
  - Peligro de fuego después de secas (en el caso de praderas de especies perennes)
  - Aumentan temporalmente a medida que la condición se deteriora y luego disminuyen
- Plantas pratenses menos deseables:
  - No consumidas preferentemente por el ganado
  - Pobres mejoradoras de suelo y desarrolladoras de su estructura
  - Crecen densamente en suelos pobres
  - Tóxicas o causan daño mecánico

– Proporcionan buen forraje solo por un período muy corto
– Producen solo pequeña cantidad de forraje
– Valor nutritivo bajo
– No se encuentran presentes en la pradera óptima, aumentan posteriormente y luego continúan aumentando con un mayor deterioro de la pradera

Las especies que se encuentran en cada sitio y en las más variadas condiciones deben ser clasificadas, considerando algunas de estas características en los grupos respectivos. Además, debe considerarse al cuarto grupo formado por aquellas especies no afectadas en su densidad y cubierta en praderas de variadas condiciones.

Algunas de las más importantes características relacionadas con una mayor persistencia de los diversos componentes de la pradera están vinculadas con características fisiológicas y anátomo-morfológicas de los individuos. Las características más sobresalientes han sido determinadas como directamente relacionadas con la persistencia de las especies. Son de acuerdo a Neil y Curtis (1956) y otros autores las siguientes:

• Incremento del retardo en la elevación y elongación del meristema apical sobre la altura mínima de pacimiento
• Disminución de la tasa de crecimiento de los indivíduos
• Hábito rizomatoso
• Producción de tallos y macollas laterales sin la influencia del corte o pacimiento
• Retardo en la época de germinación y rebrote
• Disminución de la altura y hábito de crecimiento
• Proporción de tallos florales/vegetativos alta
• Ubicación de los lugares de almacenamiento de carbohidratos no estructurales bajo el suelo o altura de pacimiento

Cualquiera que sean las categorías de organismos que se utilizan para calificar la condición no significa como resultados diferencias minimas en el método. La relación fundamental se logra determinar solo después de conocer la relación que existe entre la productividad potencial y producción real de la pradera con la composición botánica, densidad, abundancia, importancia relativa o cualquier otra característica de una o varias especies que presenta alta correlación y regresión con la producción de la pradera.

Agrupación de áreas homólogas en Sitios

Las regiones edáficas, climáticas y biológicamente similares en su potencial de producción e intensidad biológica de los diversos factores que las integran pueden ser agrupadas en categorías y denominadas de acuerdo a normas previamente establecidas. Estas áreas se conocen, en general, como Sitio.

El término Sitio, en praderas, ha sido definido como aquellas clases de terreno pratenses que difieren de otras tierras en su capacidad de producir cantidad y calidad de vegetación original (Soil Conservation Service, 1962). La definición en la forma enunciada tradicionalmente es válida solo para praderas clímax. Sitio en esta forma está implícitamente relaciona con potencial de producción de áreas homólogas considerando textura, profundidad e hidromorfismo (Gastó, Cosio y Panario, 1993).

La pradera ha sido definida por Dyksterhuis (1958) como un ecosistema que involucra la acumulación, circulación y transformación de energía, materia e información a través de procesos biológicos. Entre ellos, cabe mencionar fotosíntesis, consumo por herbívoros y descomposición. La parte no viva del ecosistema, indica el mismo autor, involucra evaporación, precipitación, erosión y otros procesos como, asimismo, consortismos entre organismos.

La demarcación entre los sistemas bióticos y abióticos es muy clara. Clements y Shelford (1939) consideran que hábitat debe connotar solamente los factores integrantes del medio abiótico del ecosistema. El término sitio o sitio pratense es la acepción utilizada por Dyksterhuis (1958) y Gastó, Cosio y Panario, 1993, representa también el mismo significado y por lo tanto, los factores bióticos no son incluidos como tales en este concepto.

Una discusión más profunda para clasificar la necesidad de incluir en el sitio factores bióticos pierde significado por cuanto las ciencias ecológicas han señalado desde hace mucho tiempo la correlación que existe entre el medio abiótico y los organismos que se desarrollan en su ambiente. De aquí se desprende que los organismos que representan un determinado ambiente abiótico deben, también, coincidir representando solo condiciones ambientales determinadas, tanto cualitativamente como cuantitativamente. Sin embargo, factores inducidos por agentes directos o indirectamente antropogénicos pueden causar modificaciones mayores en los componentes bióticos alterando en menor grado, o no alterando del todo al medio físico. En esta forma, la utilización de organismos vegetales o animales como fitómetros o zoómetros de comparación, respectivamente, puede inducir a errores cuando se trata de comunidades no clímax.

El término sitio o sitio pratense debe usarse como abstracción con el objeto de evitar repeticiones constantes de fraseología, tales como: tipo de sitio pratense, o bien, tipo de hábitat (Dyksterhuis, 1963). El ecosistema en ecología debe ser usado como la unidad real básica en lugar de la comunidad. Por lo tanto, no existe un contrasentido en utilizar alguna característica abiótica para denominar la comunidad. Estas características son, a la vez, más notables y por lo tanto son preferibles (Odum, 1953 y Cooper, 1953).

El manejo de un área resulta más eficiente si se conoce el potencial de producción del sitio. En este sentido, Cochrane (1963) ha indicado que la eficiencia del muestreo aumenta con la estratificación de las muestras, puesto que la productividad varía con el sitio. Así, se tiene que el muestreo debe realizarse luego de dividir el área en grupos de sitios similares. En un estudio, el error standard de la producción de forrajes fue una reducción alrededor de 43% cuando el muestreo se hizo por sitio, en lugar de al azar. La reducción del error standard de un área depende de la distribución o producción de la estrata (Clary, Folliott y Zander, 1966).

El potencial de producción del sitio puede ser objetivamente determinado por medio de un índice que corresponde directamente a la profundidad del suelo (Klemmedson y Marray, 1963). Sin embargo, la medición de la profundidad del suelo es engorrosa y demora mucho tiempo, aun cuando no es problema al usar barreno edáfico adecuado, como es el del tipo Michigan (Gastó, Cosio y Panario, 1993). Leven y Dreque (1963) llegaron también a la conclusión que el crecimiento de la vegetación está directamente relacionado con la profundidad del suelo, al hacer mediciones que relacionaban el tamaño de *Pinus ponderosa*, creciendo en suelos arcillosos y arcillo-limosos.

A menudo, una sola medición del suelo resulta en una evaluación incompleta de los varios factores edáficos. Así, Trimble (1964), determinó una ecuación para predecir el índice del sitio, donde se desarrollan algunas especies del género *Quercus,* sin medir la profundidad del suelo. Para ello, utilizó la posición en la pendiente y el porcentaje de pendiente. La posición en la pendiente también ha sido utilizada por Clary (1964) para determinar la capacidad de producción de forraje del sitio, en áreas donde el bosque ha sido removido. Myers y Van Densen (1960), utilizaron también la pendiente, pero en tal caso, la relacionaron con el índice del sitio. También Gastó, Cosio y Panario (1993) usaron la pendiente para determinar Distritos geomorfológicos.

La información que se obtiene mediante mapeos de suelos puede ser útil en predecir la productividad del sitio, especialmente donde la topografía del área no es muy escarpada (Doolite, 1963). Los mejores resultados, sin embargo, los obtuvo Cooley (1962), cuando utilizó tanto determinaciones edáficas como topográficas. Como también ambiente edáfico (Sitio) según Gastó, Cosio y Panario (1993).

Los sitios pueden ser delineados mediante el uso de mapas de suelos, fotografías aéreas o mapas topográficos además de algunas mediciones en el terreno (Clary, Folliott y Zander, 1966). La descripción de los sitios, por medio de observaciones desde un dron puede ser de gran ayuda en la clasificación de la condición de la pradera. Este método proporciona toda la información necesaria para planificar el manejo del área. A pesar de las limitaciones propias del método se puede afirmar que ello acelera el trabajo de reunir la información básica del terreno y así establecer el programa de conservación en áreas extensas de praderas.

Diferentes porciones de un sitio son, a menudo, ocupadas por comunidades vegetales muy variadas como una respuesta indicativa de los diferentes tratamientos de pastoreo a que ha sido sometido (Dyksterhuis, 1958). La condición de la pradera está, según Humphrey (1947, 1949) relacionada con el sitio. Condición es un término más objetivo y directo de la producción, pero que requiere para una determinación el conocimiento previo del potencial del sitio.

Se ha reconocido que debe usarse indicadores sinecológicas para determinar la condición. Entre ellos, el más frecuentemente usado es la determinación de la composición botánica en la forma real que se presenta. Luego, se hace la comparación de la composición real con la determinada en algunas áreas relicto, representativas del mismo sitio, las cuales, por razones de impedimento físico de alguna naturaleza no han sido alteradas por un tiempo considerablemente largo, y, por lo tanto, se han mantenido en estado climáxica. El concepto de condición con las implicaciones ecológicas que la atañen ha sido explícitamente definido por Dyksterhuis (1949) y a pesar de tratarse en este caso de una definición esencialmente ecológica, no defiere mayormente de la descripción de Humphrey (1949). En ambos casos, es necesario previamente clasificar el sitio y luego determinar su potencial de producción.

La composición botánica de la comunidad estabilizada o clímax de cada sitio, expresada como la cubierta relativa o crecimiento anual por especies se transforma en la medida de la productividad potencial del sitio (Dyksterhuis, 1958).

No siempre es necesario utilizar la composición botánica como una forma de determinar la condición del sitio. Otros autores han utilizado el mantillo (Humphrey, 1949 y Heady, 1956). Aun cuando no se utilice la composición botánica, el mantillo o cualquier otra medida objetiva para conocer la productividad real de la pradera, para determinar la proporción de la productividad real de la pradera-producción potencial del sitio, será siempre necesario conocer primeramente su potencial. Esto es lo que el sitio significa.

La determinación del sitio debe hacerse en varias etapas. La primera de ellas consiste en determinar la región natural del país o la provincia ecológica en la que se encuentra el área que se va a determinar (**Figura 2-3**). Las regiones naturales de Chile han sido previamente descritas por Rodríguez (1959-1960) y son las que a continuación se indican, con excepción de la subregión desértica litoral, la cual no fue considerada por este autor.

- Cordillera Andina
  - Roqueríos Nieves eternas
  - Estepas y Montes arbustivos
  - Bosques
  - Glaciales continentales
- Desierto
  - Desierto de Atacama
  - Desértico litoral
- Serranías y lomas con vegetación arbustiva xerófita
  - Serranías
  - Lomajes de la costa
  - Precordillera y piedmont andino
- Valles y llanos
  - Transversales del desierto
  - Transversales de las serranías
  - Llano central
  - Valles cordilleranos
- Cordillera de la Costa con bosques
  - Vegetación mixta matorral y bosque
  - Bosques
- Terrazas y mesetas litorales
  - Terrazas litorales
  - Mesetas en el llano central
- Insular de Chiloé y Magallanes
  - Isla Grande de Chiloé
  - Cordillera Boscosa de la Isla Grande de Chiloé
  - Archipiélagos con vegetación mixta boscosa-matorral
- Planicies y mesetas de Aysén y Magallanes

Figura 2-3. Carta de Ecorregiones de Chile. Fuente: Instituto Geográfico Militar (1983), modificado por Gastó y Cosio (1995); Vallejos (2001); Berenguer (2003); García (2005); Negrón (2006)

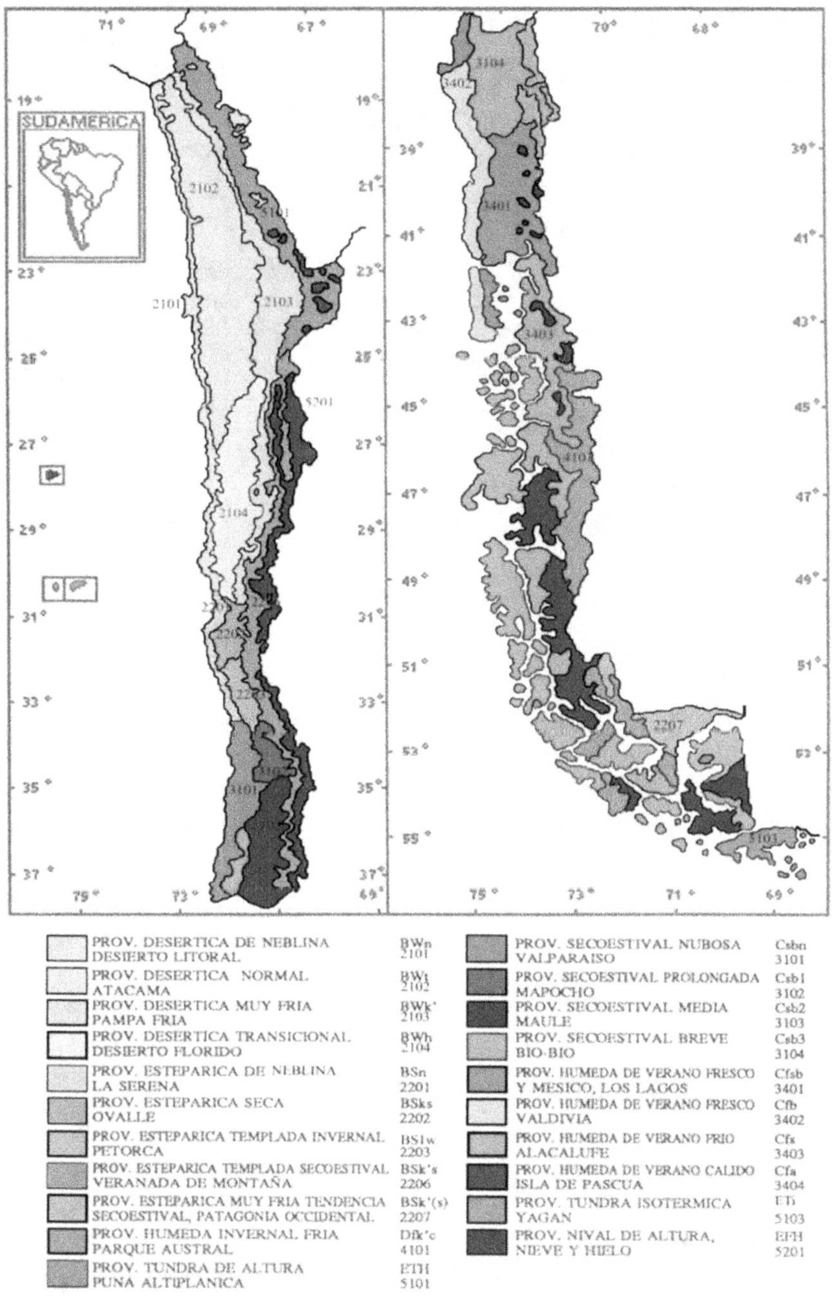

Dentro de cada una de estas regiones naturales pueden reconocerse varios sitios que se distinguen primeramente por características edáficas y fisiográficas y luego por su clima, principalmente la precipitación (Figura 2-3).

La vegetación puede ser utilizada como un indicador de las condiciones del medio. La vegetación es, en este caso, la mejor medida del medio y la que mejor describe el ambiente físico y biológico. En aquellos lugares donde se trata de praderas mixtas resulta aún más valioso describir el sitio por un tercer factor: la vegetación.

En praderas sucesionales principalmente, pero aun en praderas disclímax, incluso aquellas en las cuales el clímax es pradera, la indicación de la comunidad dominante en el área de estudio pierde su importancia. Los límites de tolerancia de la población de las especies introducidas son diferentes al de las especies representativas de la etapa clímax. En las praderas sucesionales las mismas especies pueden ocurrir en sitios capaces de soportar diferentes clímax, pero en etapas sucesionales diferentes y puede en esta forma conducir a conclusiones falsas.

Dos factores deben necesariamente incluirse en la determinación del clima: suelo y vegetación, pero solo el segundo de ellos cuando se trata de praderas clímax, en los cuales el suelo debe agregarse como un simple indicador.

Algunos de los principales sitios pratenses, de acuerdo al U.S. Soil Conservation Service (1962) son los que a continuación se citan a manera de ejemplo:

- **TH. Tierras húmedas.** Terrenos húmedos con subirrigación, donde hay escurrimiento profundo desde otras tierras, represas, ríos, etc., que elevan la napa freática sobre la superficie del suelo durante una parte de la estación de crecimiento. Son demasiado húmedos para mantener cultivos, pero demasiado secas para soportar estoquillos, totoras o plantas acuáticas verdaderas.
- **Sb. Sub irrigadas.** Terrenos en los cuales la napa freática raramente alcanza a la superficie de suelo durante la estación de crecimiento, pero sub irrigadas, la mayor parte de la estación.
- **SS. Sub irrigadas.** Tierras sub irrigadas donde la sal o acumulaciones alcalinas son aparentes y especies halófitas ocurren en la mayor parte del área.
- **In. Inundadas.** Terrenos que regularmente reciben más humedad en el suelo que la normal, debido a escurrimiento aditivo desde tierras más

altas, incluyendo ríos, escurrimiento desde praderas más altas y áreas con sistema de esparcimiento de agua.

- SI. Salinas Inundadas. Tierras que regularmente reciben más agua que la normal, debido al escurrimiento superficial aditivo, donde la sal o acumulaciones alcalinas son aparentes y especies halófitas ocurren sobre la mayor parte del área.

- Ar. Arenas. Suelo profundo, suelto, arenas finas y muy finas en relieve plano, caso plano o de lomajes suaves, se exceptúa de este grupo los suelos oscuros, casi planos, de textura franco arenosa fina y muy fina.

- Sv. Savanas. Terrenos en los cuales una cubierta pratense con árboles aislados es lo normal en la etapa clímax. No se confunda con cubierta tipo sabana resultante de sobre pastoreo de la pradera natural o corta del bosque natural. Este sitio es común en los márgenes de clímax forestales y de praderas, donde las relaciones hídricas del suelo favorecen especialmente al crecimiento de árboles y arbustos altos.

- Arn. Arenoso. Todos aquellos terrenos que normalmente son franco arenoso, con arena fina o gruesa (no arenas verdaderas), aquellos oscuros casi planos de textura franco arenosa con arena fina y aquellos terrenos francos con arena muy fina, pero se exceptúan las arenas cementadas relativamente impermeables.

- Lim. Limoso. Todos los terrenos normales de textura franco arenosa muy fina, fina, francos, franco-limosos y limos.

- Arc. Arcilloso. Todos los terrenos normales franco-areno a franco-limo-arcilloso y arcillas relativamente permeables, normalmente granulares, aunque de drenaje lento.

- ArnD. Arenoso Delgado. Suelos más bien delgados arenosos, no son arenas verdaderas, generalmente de lomaje con pendientes de superficie suave, generalmente sobre 20%, pero también de pendientes menores, donde ocurre cementación al secarse el suelo de los estratos superiores.

- Lim. Limoso Delgado. Suelos más bien delgados de textura limosa, de lomajes con pendientes de superficie suave, generalmente superiores a 15%.

- ArcD. Arcillosos Delgados. Suelos más bien delgados de texturas arcillosas o pesadas, de lomajes con pendiente de superficie suave, generalmente superiores a 15%.

- ArcS. Arcillosos Superficial. Delgados (25-50 cm) normalmente arcillosos granulares de cerros, a menudo sobre una estrata de fragmentos no intemperizados de esquisto.

- RipS. Ripioso Superficial. Delgados (25-50 cm), descansando sobre una capa de ripio limpio o de guijarros.
- LimS. Limosos Superficial. Delgados (25-50 cm), descansando sobre roca virtualmente impenetrable por raíces de plantas.
- NLimS. No Limoso Superficial. Delgados (25-50 cm), de reacción neutra a ácida, descansando sobre una roca virtualmente impenetrable por las raíces.
- Mo. Moteados. Áreas donde las arcillas duras u otros materiales impermeables yacen cerca de o en la superficie de depresiones poco profundas que ocupan 20% a 50% de la superficie. Normalmente de colores amarillos o rojizos.
- ArcDs. Arcilla Densa. Arcillas profundas pero dispersas, pueden estar interrumpidas por estratas delgadas, pero inafectivas de otros materiales. La capa dispersa es muy dura a extremadamente dura cuando está seca y muy pegajosa cuando está húmeda.
- AD. Afloramientos Delgados. Suelos delgados de varias profundidades derivadas de diferentes materiales generadores que emergen a diferentes niveles, formando pendientes irregulares de 20% a 65%. Árboles pueden ocurrir localmente sobre los materiales aflorados.
- R. Ripio. Tierras altas donde fragmentos de ripio o pequeñas piedras componen la mayor parte del suelo con materiales groseros que reducen grandemente la retención de humedad con aparentes efectos, tanto en cantidad como en composición botánica de la vegetación nativa.
- MS. Muy Superficial. Áreas donde pocas raíces pueden penetrar más de 25 cm. Afloramientos de ripio o roca madre es característico. Las uniones de las rocas pueden desarrollar bolsones profundos de suelo que resaltan por la presencia de pastos altos, arbustos o árboles aislados.
- SA. Salinas Altas. Tierras altas de profundidad media donde acumulaciones salinas y/o alcalinas son aparentes y plantas halófitas ocurren sobre la mayor parte del área.
- E. Esquistos. Tierras altas que fácilmente se inundan donde algunos fragmentos rocosos, angulares de esquistos no intemperizados son expuestos a la superficie y poco o nada de perfil de suelo es evidente.
- TM. Tierras Malas. Tierras casi desnudas interrumpidas por quebradas secas, la mayor parte del año, con las áreas que pueden ser pastoreadas demasiado pequeñas o angostas para que se justifique mapearlas separadamente.

Clasificación de la Condición

Diversos puntos de vista han sido utilizados para clasificar la condición de la pradera. Parker y Woodward (1944) afirmaron que la condición de la pradera puede ser medida en términos de la clase de forraje producido y el valor de él, como asimismo por la cantidad de productos ganaderos obtenidos. A pesar que la condición puede permanecer estable por mucho tiempo, afirmaron que la producción real de la pradera varía a través de los años, dependiendo de la productividad del suelo, del grado e intensidad de utilización de la pradera por animales domésticos y vida silvestre útil y, por las condiciones de variabilidad del tiempo, especialmente, la precipitación.

La clasificación de la condición de la pradera según Allred (1952), es simplemente un resumen de la composición botánica de las especies presentes en la pradera en un momento determinado, en relación a la composición botánica clímax del sitio. Conociéndose la composición botánica clímax y la que existe en un momento dado, es posible calcular la condición de la pradera, su productividad, la clase y la cantidad de mejoramiento que es posible esperar con un manejo adecuado. Para esto, es necesario conocer primeramente el potencial de producción de los principales sitios, la vegetación clímax y los cambios que se producen en las diversas etapas sucesionales. La determinación de la condición es de gran valor para conocer el estado de salud ecológica del ecosistema pratense y evaluar las posibilidades de restituir la capacidad productiva a su nivel máximo, en todos aquellos biomas que se encuentran bajo el óptimo.

Costello (1956) y Dyksterhuis (1949) concluyeron que la determinación de la condición de la pradera se debe hacer utilizando principios ecológicos.

Para ello se recurre, en primer lugar, a la determinación del clímax del sitio. La mayor objeción que se presenta al utilizar la etapa final de desarrollo sucesional, reside en el hecho que existe una falta de acuerdo general en la determinación de cuál es el clímax en cada sitio. Además, no todos los especialistas en praderas están de acuerdo en que siempre el clímax es la etapa sucesional más productiva.

Solo algunos de los factores sinecológicos que es posible cuantificar en las diversas praderas que han sido estudiadas, son usados para clasificar la condición de ella. Cualquiera que sea el criterio seguido para clasificar la condición, el método debe incluir, según Costello (1956), los siguientes grupos de factores: principios y procesos ecológicos, factores del medio ambiente, criterios de producción y uso múltiple. Dyksterhuis (1949) considera, también, cuatro partes en el proceso de determinar la condición: delimitación del sitio, basada en diferencias de composición florística o producción de follaje; delineación de la categoría de la condición de la pradera, basada en el porcentaje de plantas decrecientes, crecientes e invasoras, medidas por la cantidad relativa de cada una de ellas, en relación al clímax del sitio; carga animal recomendada, basada en determinaciones de estaciones experimentales y en experiencias de los ganaderos locales y, finalmente, transectos interceptores localizados en las áreas claves que proporcionan las comprobaciones cuantitativas de la efectividad del manejo.

La comunidad pratense es básicamente el componente fitocenótico del ecosistema, el cual es, a su vez, de una complejidad considerable y en el que el clima, fisiografía, suelo, organismos vegetales y animales forman la totalidad del complejo físico-biológico o ecosistema pratense (Bailey, 1945). Los diversos componentes del ecosistema son dependientes y los cambios de cualquiera de ellos afectan a los demás.

El suelo es especialmente importante y bajo condiciones de manejo adquiere un equilibrio entre las fuerzas de degradación que tienden a empeorarlo y las fuerzas de integración que tienden a mejorarlo (Bailey, 1945). Buen manejo de la pradera significa, desde un punto de vista edáfico, el mantenimiento de este equilibrio al nivel más alto, mediante la manipulación del edafotopo, climatopo, fitocenosis y zoocenosis.

La estabilidad del suelo puede, sin embargo, lograrse con cualquier grupo fisiológico de organismos. La pradera en condición satisfactoria se logra solo cuando existe estabilidad del edafotopo y, además, la composición botánica de ella está constituida por una alta proporción de organismos decrecientes (Ellison, Craft y Bailey, 1951).

La determinación de la condición debe hacerse según Costello (1946), en tres etapas. La primera de ellas es la determinación de la etapa sucesional en que se encuentra la vegetación. La segunda etapa consiste en determinar la condición de la pradera dentro de la etapa sucesional en que se encuentra la vegetación y, la tercera etapa consiste en determinar la tendencia de la condición.

En la primera etapa se describen las características de la comunidad en el estado sucesional en que se encuentra. En el estudio de Costello y Schwan (1946), la vegetación herbácea y arbustiva incluye los siguientes tipos de comunidades vegetales: pastos de champa, pastos cortos, mezclas de malezas con pastos, sub arbustos y malezas, vegas y comunidades de ramoneo.

La segunda etapa consiste en determinar la condición para el estado sucesional asignado, considerándose al hacer la decisión cinco elementos: composición botánica; vigor de las plantas —en general, pero en especial de las decrecientes y crecientes—; densidad; condición del suelo y estado de la erosión. Solo los tres primeros son utilizados para determinar la condición, pero los dos últimos también se consideran como una comprobación de la condición de la pradera.

La tercera etapa es la determinación de la tendencia. Se usa para ello los mismos factores anteriores. El vigor de las plantas se determina indirectamente, mediante mediciones de la estatura de las plantas, tamaño de las espigas, número de tallos por planta, grupos de edades, frecuencia o abundancia y tamaño de las plantas, especialmente de aquellas cuyos centros están muertos, y composición botánica, medida por transectos de pasos (Costello, 1945).

En el aspecto edafotópico, Costello y Schwan (1946) consideran la cantidad de mantillo y la extensión del suelo orgánico u horizonte A. Bajo el aspecto erosión dan especial importancia al porcentaje de suelo desnudo, pavimento de erosión, deposición de suelo, plantas colgantes y cárcavas. Cook y Goebel (1962) llegaron a la conclusión que las plantas con alto vigor se caracterizan por cubrir una superficie de suelo mayor, tienen hojas más largas, como también los tallos florales, el crecimiento anual y el número de espigas o panojas es mayor que en las plantas de vigor pobre. El análisis de regresión y correlación de su estudio demostró, también, que el largo de las hojas tiene una alta asociación con vigor en gramíneas y el largo del crecimiento de los tallos con el vigor de nanofanerófitas y caméfitas. Las plantas con alto vigor tienen, además, un alto porcentaje de extracto etéreo, lignina y energía bruta, mientras que aquellas de bajo vigor contienen un alto contenido de proteína, cenizas, calcio y fósforo.

Bajo condiciones en las cuales el clímax es el bosque, la condición de la pradera debe ser juzgada por la naturaleza de la cubierta herbácea del sotobosque (Shaw, 1946). Sin embargo, Dyksterhuis (1949) considera que, si el clímax es bosque, resultan valores de condición pratense inferiores. Su concepto de condición está limitado a suelos y climas donde la vegetación clímax corresponde fisionómicamente a una pradera o sabana.

En el suroeste de Estados Unidos, Confield (1948) usó como indicador en praderas de pastos tipo champa, la densidad, composición botánica, abundancia de plantas nocivas impalatables y erosión acelerada del suelo. Pickford y Reid (1942) y Renner (1948), en cambio, en la evaluación de praderas alpinas usaron densidad, composición y vigor, entre los factores de la vegetación y mantillo y estabilidad del suelo, entre los factores edáficos.

Parker y Woodhead (1944) usaron tres clases de indicadores para determinar la condición de la pradera: la vegetación, el suelo y el animal. Al usar la planta como indicador resultaron mediciones de: vigor y condición de los pastos perennes y de los arbustos; densidad o porcentaje de cubierta de suelo; composición botánica; uso anterior de la pradera; uso presente de la pradera y plantas nocivas. Como indicadores del suelo utilizaron el mantillo; deposición del suelo; remoción del suelo y formación de cárcavas. Finalmente, como indicador animal usaron la condición del ganado y la población de roedores.

El valor principal que se le atribuye al método recientemente descrito es que fue el primero que utilizó formularios con puntaje para evaluar la condición. Sin embargo, presenta también varios defectos importantes, entre ellos la utilización del ganado como un indicador de la condición de la pradera. Esto no tiene que ver con la condición de la pradera, pues depende de otros factores completamente ajenos, tales como la carga animal y la clase de ganado y, por lo tanto, es frecuente encontrar ganado delgado en praderas excelentes y viceversa (Gastó, 1963). Tanto esto, como otras mediciones que realizaron Parker y Woodhead están de acuerdo a ideas similares de Costello y Schwan (1946) e indican que se utilizaron inapropiadamente conceptos de utilización de praderas en la determinación de la condición. El estado del ganado está relacionado con la relación de la carga animal y capacidad sustentadora y no tiene relación con la condición de la pradera.

Además, en las especies herbívoras silvestres, la cubierta y productividad y, por consiguiente, la disponibilidad de energía primaria per cápita no es el factor limitante de la población de herbívoros silvestres, sino que son los carnívoros secundarios los que, indirectamente, regulan la utilización de la pradera. El estado de los herbívoros silvestres no tiene que ver con la condición de la pradera, ya que la densidad animal está, en este caso, regulada por otros mecanismos, los cuales son ajenos a la disponibilidad de tejido vegetal útil que se encuentra en el ecosistema (Hairstone *et al.*, 1960).

El vigor de las plantas que componen la pradera fue utilizado por Parker y Woodhead (1944) como una medida de la condición de la pradera, pero Pickford y Reid (1942) concuerdan en considerarlo como un indicador de la tendencia. No hay acuerdo, sin embargo, en este respecto y puede, por lo tanto, utilizarse como indicador de tendencia o de la condición de la pradera. Short y Woolfolk (1956) indican que lo utilizaron como un indicador más de la condición, aun cuando su trabajo podría ser mejor interpretado como una medida de la tendencia de la condición.

La condición de la pradera tiene un pronunciado efecto en la expresión de la vegetación de la pradera. Goebel y Cook (1960) relacionaron el efecto de la condición de la pradera con la densidad, composición botánica, producción, vigor, contenido químico de las especies pratenses y ciertas características físicas del suelo. La pradera en **condición buena** o **excelente** tiene una densidad mayor de composición florística más deseable y una producción más alta que las praderas en condición regular o pobre. La declinación de la condición de la pradera va acompañada de una declinación en el largo de las hojas y tallos y en la cantidad y longitud de los tallos florales de las plantas forrajeras de buena calidad. La penetración del agua en el suelo es más rápida y favorable en suelos de praderas en buena condición. Goebel y Cook (1960), encontraron, también, que la densidad aparente del suelo es significativamente superior en praderas en condición pobre. Esto, probablemente, explica las mejores características hídricas de los suelos en condición buena. Sus resultados, sin embargo, indican que tanto la densidad total de la vegetación como el porcentaje de materia orgánica del suelo no son buenos índices para evaluar la condición de la pradera.

Solamente dos grupos de factores fueron considerados por Parker en 1944. A saber: aquellos relacionados con la vegetación y aquellos relacionados con el suelo. Entre los primeros, consideró la densidad de las plantas forrajeras deseables e intermedias, la composición botánica y el vigor de las especies deseables. Entre los factores edáficos, solo consideró el mantillo y la estabilidad del suelo.

Crane (1950) usó varios criterios para la clasificación de la condición: densidad de la cubierta vegetal, composición florística, cantidad y dispersión del mantillo y presencia, ausencia o grado de erosión acelerada.

La condición de la pradera, tanto de las estratas subterráneas como aéreas, fue estudiada con monolitos por Anderson (1951). En aquellas praderas en condición excelente que él estudió, encontró que el 100% de la cubierta vegetal correspondía a plantas pratenses clímax. En cambio, en aquellas praderas de condición regular, solo el 35% de la vegetación era clímax. La condición excelente produjo 580 kg de forraje utilizable por hectárea, mientras que el área de condición regular produjo solamente 163 kg por hectárea o, aproximadamente, 30% de potencial.

Algunos estudios han indicado que, a medida que la condición de la pradera se deteriora, se produce también una disminución en la densidad de la vegetación (Klemmedson, 1956 y Pickford y Reid, 1946). En ciertos tipos de vegetación, sin embargo, se produce un aumento de la densidad de forraje a medida que la condición se deteriora. Costello y Turner (1941) encontraron que en el 14% de las áreas que se estudiaron la densidad de la vegetación era superior en las áreas pastoreadas que en las exclusiones. La densidad de las gramíneas perennes aumenta al mantener la vegetación protegida del pastoreo de ganado doméstico. Gardner (1950) encontró que, después de 30 años de exclusión, la densidad vegetacional en una zona de desierto aumentó 110% en el sector excluido, en relación a la inclusión. La sequía facilita, aparentemente, el aumento en la densidad de las especies arbustivas (Thomas y Young, 1954), lo que sería lógico por una mayor profundidad del arraigamiento de estas especies.

La ausencia de pastoreo en vegetación desértica puede significar aumento de la densidad de cubierta de las gramíneas. Potter y Krenetsky (1967) encontraron un aumento de 12,8% a 23,9% en la cubierta de la vegetación después de 25 años de protección. Esto significa un mejor control de la erosión y mejoramiento acelerado del suelo. Además, bajo condiciones de protección del ganado doméstico, las hierbas disminuyen abruptamente, especialmente en los sectores protegidos, simultáneamente con un aumento de las gramíneas de la vegetación. Los arbustos aumentan gradualmente al ser mantenidas en la exclusión, pero decrecen en las áreas pacidas, al ser ramoneadas persistentemente.

La escasez de humedad afecta la producción de forraje y puede causar una marcada reducción en la densidad vegetacional. Es difícil, sin embargo, separar el efecto de la sequía prolongada, de los efectos causados por el pastoreo pesado. A menudo, ocurre que la vegetación manifiesta la influencia del efecto combinado de dos factores aislados e independientes, tales como la sequía y la sobreutilización, lo que se agrava aún más, al no ajustar anualmente la carga animal en relación a la capacidad sustentadora de esta (Thomas y Young, 1954).

Las dificultades que se presentan al hacer generalizaciones que relacionen la condición de la pradera con densidad de ella, explican al menos parcialmente por qué Parker (1944) usó densidad de plantas forrajeras y densidad de plantas deseables en lugar de la densidad total de la vegetación. La razón por la cual la densidad total no cambia necesariamente al producirse cambios en la condición de la pradera, puede estar basada en las ideas del vacío ecológico de Dyksterhuis (1949). Este principio establece que, cuando uno de los organismos que constituyen la pradera desaparece, se produce inmediatamente un área libre de interferencia que es rápidamente ocupado por otros organismos invasores, o bien, por organismos vecinos que utilizan su potencial plástico, alcanzando mayor desarrollo y utilizando así más íntegramente los recursos materiales y energéticos disponibles en el ecosistema. El principio del vacío establece que cuando una planta desaparece es remplazada inmediatamente por otra, siendo la mayor parte de las veces, en el caso de sucesiones retrogresivas, de menor valor forrajero. Luego, la densidad total se mantiene, pero la producción de forraje disminuye y la condición se deteriora. El principio de vacío ecológico explica lo acontecido en el estudio de Reid y Pickford (1946). Si la sobreutilización de la pradera continúa por un período muy largo, las malezas perennes son remplazadas simultáneamente con su reducción en vigor, lo cual permite que las malezas anuales ocupen el lugar y desalojen, finalmente, con la competencia que ellas ejercen, a las especies perennes. La densidad del área disminuye, la protección del suelo es paralelamente reducida y, consecuentemente, a medida que la erosión progresa la productividad de este es reducida.

Las etapas del deterioro y desarrollo de la vegetación, reconocidas por los dos autores recién señalados, son: en primer lugar, la etapa de las malezas anuales, a la cual lo siguen malezas perennes. Luego, invade una tercera etapa de gramíneas y malezas y, finalmente, gramíneas perennes o clímax.

En algunas comunidades vegetales, la protección de la pradera mediante la exclusión del ganado no ocasiona cambios apreciables en la composición botánica, ni invasión de nuevas especies (Blydenstein *et al.*, 1957). El cambio más notable que se observó fue el aumento general de densidad de la vegetación durante los 50 años de exclusión, siendo las gramíneas perennes y los arbustos los que mostraron el mayor aumento.

La protección de la pradera en las etapas iniciales de crecimiento durante las cuatro o seis primeras semanas, favorece algunas especies, tales como las del género *Agropyron* (Weaver y Darland, 1948). Otras especies en cambio, no son afectadas por el pacimiento temprano. Se produce, entonces, una selectividad sucesional inducida por las épocas de utilización, la cual, finalmente, conduce a diferentes tendencias y disclímax, ya que el efecto sobe cada uno de los componentes vegetacionales es de magnitudes muy variables.

La cantidad de **mantillo** ha demostrado ser un excelente índice para conocer la condición de la pradera (Schwan *et al.*, 1949 y Voight y Weaver, 1951). El mantillo es un buen índice de la condición de suelo, aumenta la productividad de la pradera, mejora la relación suelo-agua y la fertilidad del suelo. En esta forma, permite el crecimiento de mejores plantas forrajeras, las que, a su vez, requieren mejores condiciones ambientales para crecer.

En pradera de plantas perennes en condición buena, de la región sur oriental de Oregón, debe dejarse como remanente el 50% de la materia seca cuando la condición es buena, pero la misma cantidad de residuos debe dejarse en praderas en condición regular y mala, aun cuando en estos casos representen porcentajes mucho mayores, si se desea producir una tendencia a mejorar la condición. Ello corresponde a 160 kg/ha de residuos (Hyder, 1953).

Los resultados de un estudio conducido por Schwan, Hodges y Weaver (1949), indican que el manejo de mantillos delgados y gruesos a praderas pastoreadas intensamente produjeron un aumento de la producción anual de forraje de 42% y 50%, respectivamente, durante el primer año. La acumulación natural de mantillo en praderas utilizadas moderadamente o excluidas es considerada como el contribuyente más efectivo para la recuperación de la pradera, aun durante años muy secos.

La **forma vital** de los organismos vegetales que integran el componente biótico del ecosistema pratense es, según Arnold (1955), indicativa de la condición y tendencia de la pradera. La forma vital puede ser definida como la forma estructural que una planta asume bajo las condiciones de un hábitat. Corresponde, por lo tanto, a una manifestación fenológica de la especie, utilizando la plasticidad de su estructura genética en hábitats diferentes.

La forma estructural refleja la adaptación de la planta a un medio e indica su respuesta a alteraciones, tales como el pastoreo. Las formas vitales de los organismos vegetales proporcionan un medio visual de evaluar la condición ecológica de la pradera, ya que hallar formas que prevalecen en una unidad indica la condición con respecto a rendimiento en forraje, mantillo, vigor de las plantas, puntos de crecimiento y erosión del suelo.

Klemmedson (1956), después de delimitar el sitio y la categoría de la condición de la pradera determinó la densidad, composición botánica e indicadores de estabilidad del suelo mediante el método de las Tres Etapas de Parker, 1951. También midió la capacidad de infiltración de agua en el suelo. Él demostró que la densidad decrece al empeorar la condición de la pradera. Las especies deseables disminuyen a medida que las intermedias y menos deseables aumentan al deteriorar la condición. El cambio en la composición botánica fue mayor al pasar de regular a pobre que entre buena y regular.

Las condiciones físicas del suelo también se deterioran con tendencia decreciente, siendo los indicadores más prominentes de alteración del suelo, la presencia de plantas en pedestal, pavimento de erosión, suelo desnudo y cubierta de mantillo en la superficie del suelo. Entre los indicadores menos prominentes, Klemmedson (1956), cita la orientación del mantillo, pedestales de rocas, erosión laminar y lavado de suelo. Los estudios de infiltración demuestran que el contenido de materia orgánica en el suelo, la densidad aparente y la distribución de los poros por tamaño se alteran al pasar de una condición buena a pobre (Cuadro 2-1). Este autor concluyó que los indicadores edáficos pueden ser usados como un criterio para juzgar la condición de la pradera y debería, por lo tanto, ser usado más intensamente que en el pasado.

Cuadro 2-1. Relaciones edáficas y vegetacionales del ecosistema pratense al variar la condición. Resultados de un estudio de Klemmedson (1956)

Condición	Suelo Desnudo (%)	Pavimento de Erosión (%)	Mantillo (%)	Densidad Vegetacional (%)	Materia Orgánica 0 a 5 cm (%)	Densidad Aparente 0 a 5 cm gr/cm²	Infiltración min/cm
Buena	6,4	2,8	40,3	48,3	9,9	0,970	3,1
Regular	15,0	13,1	26,2	42,1	7,2	1,156	3,5
Pobre	35,2	20,8	16,1	24,1	6,1	1,198	12,3

La Figura 2-4 confirma los resultados presentados en el párrafo anterior. Grupos de organismos con fisionomía muy diversa afectan el medio en magnitud diferente y son, a su vez, responsables de producciones muy variables de materia seca. El incremento de la densidad de árboles significa una menor producción de materia seca, o lo que es lo mismo, una peor eficiencia en la utilización del agua.

Figura 2-4. Relación encontrada entre la densidad de árboles y la producción de materia seca en la estrata herbácea por cada 25 milímetros de precipitación (según Martin, 1963)

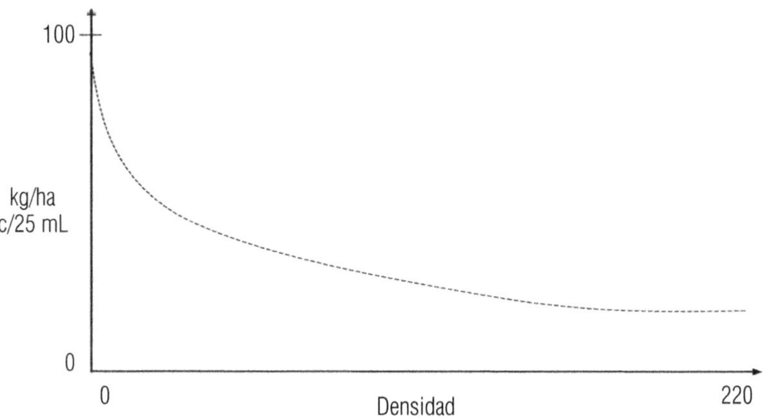

Conocer la condición de la pradera en un determinado momento es de gran valor práctico. Se puede fácilmente, medir la producción de la pradera en un determinado momento, pero no se puede determinar en la mayor parte de los casos la producción que se podría obtener de una pradera determinada en los momentos dados en relación al potencial de producción del sitio.

La forma más sencilla de hacerlo, consiste, básicamente, en comparar el porcentaje de composición botánica de cada grupo de plantas en un momento dado con el porcentaje potencial que existe en la pradera clímax u óptima. El **Cuadro 2-2**, es un ejemplo del formato del modelo que se utiliza en un distrito del Departamento de Conservación de Suelos de Weiser River, Idaho, Estados Unidos (Hanson, 1946).

Cuadro 2-2. Modelo de hoja de puntaje utilizada en el cálculo de la condición de la pradera (según Hanson, 1946)

Pradera tipo:			Fecha:		
Factores evaluados	Excelente	Bueno	Regular	Mala	Muy Mala
I. Potencial relativo de producción (%)	100-90	90-75	75-50	50-25	25-0
II. Deseables	100-60	60-35	35-20	20-0	0
III. Menos deseables	0-40	35-60	30-80	50-100	50-0
IV. Indeseables					
V. Residuo vegetal o Mantillo	Abundante	Abundante a moderado	Adecuado a escaso	Inadecuado a nada	Generalmente nada
VI. Erosión	Nada	Nada a escasa	Escasa a moderada	Moderada a severa	Severa a muy severa
VII. Hectáreas por unidad animal	0,4-1,1	0,7-1,6	0,9-2,3	1,4-4,5	1,8-9,1
			Firma		

La condición de la pradera fue clasificada en cuatro categorías diferentes por Costello y Turner (1944): excelente, buena, regular y pobre. Dyksterhuis (1949) usó las mismas cuatro categorías, pero la determinación de ellas las hizo basada solamente en el porcentaje de la composición botánica constituida por plantas clímax.

Humphrey (1947) usó cinco categorías básicas: excelente, con una producción de 100% a 90% de la productividad del sitio; buena, con 90% a 75%; regular, 75% a 50% de su potencial; mala de 50% a 25% del potencial, y muy mala, produciendo menos del 25% del potencial del sitio. El porcentaje de la composición, tanto en estos como en otros casos, es en base al área basal de la corona y los valores corresponden a cada estrata, separadamente. Las áreas desnudas son consideradas aparte y el valor de ellas corresponde a la densidad.

Ellison, Croft y Bailey (1951) clasificaron la condición en cuatro grupos: satisfactoria; no satisfactoria con estabilidad del suelo; no satisfactoria, sin estabilidad del suelo; y completamente no satisfactoria.

La **Figura 2-5** indica las densidades relativas de las vegas alpinas en el sector oriental del estado de Oregon, Estados Unidos. En ella, se puede observar cómo en aquellas praderas en condición excelente la densidad total de la vegetación es mayor y decrece a medida que la condición empeora. La densidad de pastos perennes disminuye abruptamente desde cerca de 55% de superficie cubierta en la vega en condición excelente y de solo 20% en aquella en condición buena, hasta representar un valor cercano a 0%, en la vega de condición pobre (Pickford, 1942).

Los pastos solo varían ligeramente al variar la condición, pero los estoquillos disminuyen a medida que se produce alejamiento sucesional retrogresivo. Los juncos y junquillos varían solo en mínima proporción, mientras que las malezas perennes aumentan enormemente, desde la condición excelente a la buena y se mantienen en una densidad similar a la pradera en condición regular. La densidad de las malezas perennes en la pradera en condición pobre es mucho menor que en aquellas en condición excelente. Las malezas anuales, en cambio, ofrecen un porcentaje de superficie cubierta insignificante en las etapas sucesionales superiores, pero aumentan considerablemente en las praderas mantenidas en condición pobre.

Un modelo de formulario para determinar la condición de la pradera y estudiar las sucesiones vegetales aparece indicado en el **Cuadro 2-3**.

Figura 2-5. Cubierta (densidad) de varios grupos fisionómicos de plantas de acuerdo a la condición de la pradera en sitio vega, en altitudes montañosas de Oregon EEUU (según Pickford, 1942)

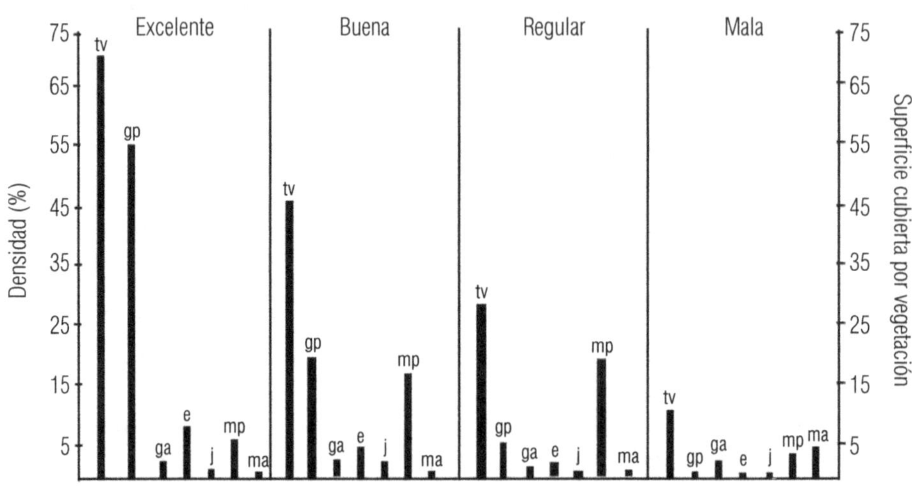

tv = total de vegetación; gp = gramíneas perennes; ga = gramíneas anuales; e = estoquillos; j = juncos y junquillos; mp = malezas perennes; ma = malezas anuales.

Características generales de las Etapas Condicionales Típicas

La condición de cualquier sitio pratense está basada principalmente en dos grupos de factores: vegetales y edáficos. Si la pradera está compuesta principalmente de plantas decrecientes y algunas crecientes, pero muy pocas o ninguna invasora, la condición debe calificarse como **excelente**. Condición **buena, regular, mala** y **muy mala** son los calificativos corrientemente usados para describir diferentes grados de deterioro de la condición de la pradera (Blair, 1947). La categoría en que se clasifica la pradera indica la relativa proporción en la composición botánica de plantas decrecientes, crecientes o invasoras y la cantidad de erosión y mantillo presente.

Las praderas de **condición excelente**, son aquellas que producen aproximadamente todo el forraje que el ecosistema es capaz de producir bajo el mejor manejo práctico.

Las praderas en **condición buena** tienen, generalmente, un porcentaje más alto de especies crecientes. Los organismos representativos de especies crecientes son, generalmente, menos vigorosos que aquellos encontrados en praderas de condición excelente. Praderas en condición buena son consideradas

Cuadro 2-3. Modelo de formulario para determinar condición de la pradera (Ellison *et al.*, 1951)

Comuna						Predio				Potrero		
Región Natural						Sitio				Transecto		
Tipo vegetacional										Fecha		
		1	2	3	4	5	6	7	8	9	10	
0	S											
	I											
10	S											
	I											
20	S											
	I											
30	S											
	I											
40	S											
	I											
50	S											
	I											
60	S											
	I											
70	S											
	I											
80	S											
	I											
90	S											
	I											

Ítem	N°	%	Lista de spp en el sitio	% aceptable	N°	%
Vegetación estrata superior (indicar especie) Vegetación estrata inferior Suelo desnudo (Sd) Mantillo (Ma) Musgos, líquenes (Mu) Roca (R) Pavimento erosión (Pa)			Decrecientes ↑ ↓ Crecientes ↑ ↓			
Cubierta del suelo (100-Sd)						

Sobreposición directa (base 100%)
  Decrecientes
  Crecientes
  Invasoras
  Inafectables
			Inafectables
			↑
			↓
			Invasoras			

S = estrata superior, I = estrata inferior.

por los ganaderos como el óptimo que se puede obtener bajo el mejor manejo práctico. A medida que se deteriora, se observa que las mejores especies han sido reemplazadas por otras de inferior calidad y que, además, no tienen el vigor necesario para producir de acuerdo a su capacidad potencial. La pradera, produce solo tres cuartos de los que el sitio es potencialmente capaz de producir.

Las praderas en condición regular producen solamente la mitad del rendimiento máximo posible, mientras que aquellos en condición mala producen solamente un cuarto del rendimiento máximo posible. Finalmente, las praderas en condición muy mala producen solamente tejido vegetal útil mediante el crecimiento de especies invasoras, y sus rendimientos son generalmente inferiores a un cuarto del máximo que se podría obtener bajo el mejor manejo práctico.

La erosión del suelo está íntimamente asociada con una condición mala y muy mala. Plantas en pedestal, pequeñas cárcavas, pavimento de erosión y movimiento de suelo, acumulación de ripio y arena, todo esto indica condición no satisfactoria de la pradera.

Las características del suelo son, también, indicadoras de la condición. Un suelo de buena estructura es blando y esponjoso y absorbe el agua, está asociado con una condición satisfactoria, mientras que un suelo duro y compacto está generalmente asociado con praderas en una condición mala o muy mala.

El mantillo es aquella función de la materia orgánica vegetal presente en la pradera sobre la superficie del suelo y que está separada de las plantas vivas. Al juzgar la condición de la pradera es importante medir la cantidad y distribución del mantillo. Cuando se trata de praderas en condición buena el mantillo se encuentra uniformemente bien distribuido y proporciona protección a la totalidad de la superficie del suelo (Blair, 1947).

Las praderas en condición muy mala generalmente exhiben un modelo de características vegetales, edáficas y de erosión que le permiten al ganadero experimentado o al técnico determinar el grado de destrucción y la solución para recuperar el área o sector, necesitando medidas especiales de manejo para su recuperación (*Range Division*, 1942).

Las áreas deterioradas necesitan especial cuidado y manejo para su recuperación, el cual depende, primeramente, del control del movimiento del ganado y otros consumidores primarios y de la reducción de la intensidad de utilización. Sin embargo, a menudo, es más fácil mejorar áreas en condición muy mala de gran tamaño que sectores aislados, pequeños, que se encuentran dentro de unidades, tales como senderos de ganado, dormideros y sectores en condición muy mala, alrededor de aguadas, saladeros y comederos. Las áreas aisladas son de importancia, no tanto por la superficie que presentan, sino porque una vez la vegetación ha sido deteriorada, en su gran mayoría, aumentan rápidamente de tamaño a expensas de áreas vecinas (*Range Division*, 1942).

Los mismos autores han puntualizado las características generales del suelo, relaciones hídricas y de erosión de praderas en condición muy mala:

- Falta de residuos vegetales en partes secas o muertas de planta. La recuperación se observa solamente cuando la acumulación de residuos se hace evidente.
- Falta de suficiente cantidad de suelo orgánico superior, tal como el que normalmente revendría la compresión y sellado del suelo contra una rápida infiltración del agua.
- Deficiente humus y nutrientes.
- Extensas áreas de suelo desnudo, sin cubierta vegetal.
- El suelo se remueve y vuela durante la estación seca, si se le altera o pisotea.
- Los suelos pesados exhiben la apariencia de ser duros, desecados y arenosos; los livianos son muy sueltos.
- Excesivo escurrimiento superficial del agua de lluvia y de derretimiento de nieve, lo que generalmente le ocasiona un alto contenido de limo y arcilla.
- Fluctuaciones extremas del caudal fluvial y de vertientes.
- Lenta penetración de la humedad en el suelo y baja capacidad de retención hídrica.
- Vertientes, que corrientemente fluyen ininterrumpidamente durante la estación, o todo el año, se transforman en ocasionales durante cortos períodos de tiempo.
- Erosión, piedras y ramas son visibles desde gran distancia.
- Caminos y senderos se transforman, rápidamente, en cárcavas, debido a la acción acelerada del viento y agua.
- Excesiva penetración del hielo en el suelo.
- La nieve se vuela y se acumula fuera de áreas desnudas, así en esta forma reduce la humedad proveniente del derretimiento de la nieve y aumenta, por lo tanto, la deficiencia hídrica.

Índice Vegetacional

El método para determinar el Índice Vegetacional de Dix (1959), aparece descrito a continuación y es, básicamente, un extracto de una parte de su trabajo.

La primera etapa en el cálculo, consiste en la localización de pares de un mismo stand en un mismo sitio, los cuales han sido sometidos a distintos tratamientos y uno de ellos no ha sido utilizado normalmente y el otro ha sido pastoreado. El primero representa el testigo, mientras que el otro representa al tratado.

El criterio seguido en la elección de sectores de muestreo está circunscrito a dos condiciones previas. El stand debe contener, por lo menos, 30 especies vegetales características del sitio. Además, no debe haber signos de disturbios previos, tales como pastoreo, aradura o corte. Los stands no alterados deben ser los primeros en ubicarse, ya que son más difíciles de encontrar. Luego, se ubica el segundo stand que debe cumplir con los siguientes criterios: en primer lugar, el stand elegido debe pertenecer al mismo sitio que la pradera pareada y, por lo tanto, presentar características similares de profundidad de suelo, pendiente, exposición, etc. En segundo lugar, el stand no debe presentar signo alguno de aradura, fertilización o de otras alteraciones antropogénicas. Finalmente, debe ser adyacente o bien no situado a más de 0,75 km de distancia de la primera parcela elegida.

La descripción de la vegetación se hace utilizando el Índice de Frecuencia de Raunkiaer (1909). Los valores de la frecuencia que se obtienen en esta forma representan características reales de la vegetación. El tamaño más recomendable de los cuadrantes para determinar el índice de frecuencia varía según la pradera de que se trata, pero en general debe ser de tal magnitud que proporcione frecuencias de 80% para las especies más comunes (Curtis y McIntosh, 1950). En praderas perennes ello corresponde, a menudo, a un cuarto de metro cuadrado. En el estudio presentado por Dix (1959), 40 muestras fueron tomadas en cada stand.

La relación matemática entre frecuencia y densidad presentada por Fracker y Birchler (1944) fue utilizada en la conversión a densidad. Sin embargo, este valor se aplica solamente a especies que se presentan distribuidas al azar; cuando las especies se presentan agregadas en su distribución superficial los valores de las frecuencias son muy bajos (Curtis y McIntosh, 1950). Los valores calculados representan, por lo tanto, valores mínimos de densidad, al menos la indicada, pero si ella es de distribución agregada es igual o probablemente de densidad mayor que la calculada.

Originalmente, en su trabajo (Dix, 1959), les dio importancia a las especies principales en los stands individuales no pastoreados. Parte de la información original de su trabajo aparece en el **Cuadro 2-4**.

Encontró que en uno o más stands algunas de las 8 especies estudiadas se presentaban como dominantes. Al considerar dos especies encontró 19 posibles combinaciones en los 24 stands estudiados, mientras que cuando se consideran las tres especies principales cada uno de los stands presentó un arreglo diferente. Debido a esto, concluyó junto con Dykterhuis (1949), que no existe una composición botánica ideal para estos stands no pastoreados y, por lo tanto, ninguno de ellos puede ser considerado como una comunidad clímax.

En forma paralela al hecho que ningún stand pastoreado presentaba una composición botánica ideal, no fue posible tampoco hacer comparaciones en pares con los stands no excluidos. Por esta razón, se consideró preferible utilizar cada especie independientemente de la comunidad de la cual forma parte.

La única diferencia discernible entre los pares fue el pastoreo y los distintos grados de utilización. Se pensó, por lo tanto, que el comportamiento de las especies bajo presión de pastoreo se puede determinar en mejor forma por medio de relaciones matemáticas, dentro de cada par de stand. En esta forma, la densidad de cada especie se calcula separadamente en la porción pastoreada como asimismo en la clausura.

Luego, la suma de las densidades en la porción pastoreada del stand se sustrae de la porción no pastoreada, sin siquiera considerar cuál de los valores es mayor. En aquellos casos en los cuales la suma de las densidades en las áreas excluidas es mayor que en las utilizadas, el valor final es positivo, mientras que en el caso contrario se obtienen valores negativos. Cuando el valor es positivo, se divide el resultado por la suma de las densidades en el sector excluido, o bien, se divide por la suma de las densidades en el sector pastoreado, cuando la diferencia es negativa.

Cuadro 2-4. Densidad mínima por un cuarto de metro cuadrado de acuerdo a los datos originales y para las 22 especies más importantes. La lista de especies está ordenada de mayor a menor susceptibilidad positiva al pastoreo (según Dix, 1959).

Especie	Índice de stand															
	+604	+520	+453	+375	+316	+266	+209	+163	+65	−42	−164	−243	−289	−459	−756	−779
	N°															
	7P	22P	1P	14P	20P	2P	23G	22G	4G	11P	9G	1G	14G	24G	8G	2G
Sporobulus heterolepsis	0,31	0,14	0,25	0,63	0,18	0,12		0,07		0,03			0,05		0,01	
Liatris cylindracea	0,54		0,04		0,12	0,38			0,05	0,11		0,03			0,01	
Sorgastrum nutans	0,17	0,40	0,77	0,10	0,02	0,07	0,10				0,25					
Euphorbia corollata	0,51	0,18	0,15	0,51	1,05	0,10	0,16	0,26	0,05	0,27	0,05	0,03				
Amorpha canescens	0,84	1,56	0,01	0,16	0,16	0,31	0,51	0,18	0,35	0,16			0,29			
Viola sp	0,09		0,82	0,02	0,02	0,46	0,60		0,35	0,03	0,02	0,04		0,05	0,05	
Andropogon geradi	0,31	1,56	0,30	0,05	0,73	0,91		1,96		0,17	0,18		0,10	0,02	0,04	
Patelostemum purpurem	0,15	0,51	0,30	0,16		0,10	0,60	0,14	0,05	0,06	0,06	0,05	0,16	0,02		
Astar cericeus	0,35	0,40	0,82	0,12	0,46		0,60	0,03	0,38	1,39		0,18				
Pannicum prelongum	0,25	0,22	0,13		0,05	0,12	0,22		2,30	0,33	0,05	0,01		0,02		
Andropogon scoparius	0,21	0,99	0,50	1,11	0,73	0,43	2,99	0,56	1,47	0,23	0,89	0,21	0,51	0,25		
Aster azureus	0,15	0,51	0,71	0,05	0,05	1,27	1,22		1,39		0,52	0,25	0,05			0,02
Solidago nemoralis	0,02	0,03	0,58	0,02	0,07	0,43	1,20	0,03	1,71	0,77	0,04	0,25	0,10	0,22		
Boutelova curtinpendula	0,12	0,51	0,56	1,05	0,38	0,73	1,61	0,69	0,02	0,52	0,58	1,02	0,89	1,11	0,21	0,35
Asclepsoa verticillata				0,10	0,46	0,05	1,22	0,07	0,07	1,77	0,09	0,82	0,60	0,02		0,02
Poa pratensis	0,15		0,04	0,16	0,60	0,91	0,05	0,56	0,05	0,52	0,52	0,26	0,51	0,29	0,49	0,60
Poa compresa	0,87		0,01	0,96	0,25	0,16				0,49	0,77	0,04	0,61	0,35	0,37	0,69
Ambrosia artemisifolia	0,01		0,1	0,2				0,03		0,27	0,18	0,08	0,22	0,10	0,04	0,38
Agrostis alba						0,10					0,09				2,52	1,20
Artemisia frigida														2,04		
Taraxacum officinale	0,06								0,02		0,09		0,10		3,22	1,89
Trifolium repens											0,43		0,35		2,04	0,02

Para evitar el uso de decimales, este producto luego se multiplica por 10 y se aproxima a un entero. Estos valores reciben el nombre de **Número de Susceptibilidad de Pastoreo (NSP)** de una especie, ya que indica el comportamiento fitosociológico de la especie. La fórmula que a continuación se indica representa la forma de determinar este valor.

$$\frac{\text{Número de Susceptibilidad}}{\text{al Pastoreo para una especie}} = \frac{\text{Suma Densidades Excluidas} - \text{Suma Densidades Pastoreadas}}{\underset{\text{(cuando numerador es positivo)}}{\text{Suma Densidades excluidas}} + \underset{\text{(cuando numerador es negativo)}}{\text{Suma Densidades pastoreadas}}} \; x \, 10$$

El número de susceptibilidad al pastoreo presenta valores extremos de +10 en aquellas especies que se encuentran solamente en stand no pastoreados a –10 en el caso contrario. Presentan un índice 0 en aquellas especies que manifiestan la misma densidad en stand pastoreados, como, asimismo, en los excluidos. El **Cuadro 2-5** indica algunos Números de Susceptibilidad al Pastoreo (NSP) de varias especies estudiadas.

Cuadro 2-5. Números de Susceptibilidad al Pastoreo (NSP) de varias especies encontradas en el estudio de Dix (1959)

Especie	NSP (+)	Especie	NSP (–)
Hypoxis hirsuta	10	*Trifolium repens*	10
Phlox pilosa	10	*Taraxacum officinale*	10
Sporobulus heterolepis	9	*Artemisia frígida*	10
Liatris cylindracea	9	*Agrosis alba*	10
Sorgastrum nutans	9	*Ambrosia artemisifolia*	8
Euphorbia corollata	8	*Poa compresa*	6
Amopha canescens	8	*Poa pratensis*	6
Viola sp	7	*Asclepias verticillata*	6
Andropogon gerardi	7	*Bouteloua curtipendula*	4
Petalostemum purpureum	6	*Solidago nemoralis*	2
Aster sericeus	6	*Bauteloua hirsuta*	1
Panicum paslongum	4		
Andropogon scoparius	4		
Aster azureus	3		
Solidago rigida	1		

Valores relativamente altos positivos indicaron que la especie es susceptible de ser afectada negativamente bajo condiciones de pastoreo y, por lo tanto, son susceptibles de disminuir en importancia relativa a medida que la presión de pastoreo se incrementa. La habilidad de una especie de soportar el pastoreo está indicada, también, por el Número de Susceptibilidad al Pastoreo, siendo las mejor adaptadas todas aquellas con valores más negativos. *Trifolium repens* es, según el Cuadro 2-5, una de las especies más resistentes al pastoreo pues presenta un índice de −10. El Número de Susceptibilidad al Pastoreo en la forma calculada por Dix es, por lo tanto, una estimación de la habilidad de una especie de soportar condiciones ambientales y bióticas derivadas de la acción de los herbívoros domésticos y el pastoreo.

El NSP corresponde, sin embargo, a un valor ecológico de la reacción de la especie al pastoreo y, por lo tanto, no es una característica de la misma. El número no indica de ninguna manera reacción fisiológica de una especie en cualquier ambiente. Representa un valor integrado de la reacción fisiológica de una especie de acuerdo a su estructura genética integradora de las reacciones propias del individuo de por sí, más la influencia física y biótica de todos los elementos del medio accionando sobre el individuo y la población. El individuo es, en esta forma, un complejo integrador de su morfología, anatomía y fisiología, simultáneamente. La utilización de la pradera por ganado es un mecanismo alterador de las relaciones sinecológicas de los organismos pratenses a través de su influencia en la competencia inter e intra específica. El valor de NSP que se determina es válido solamente para cada especie en las condiciones particulares de cada ecosistema.

El NSP se utiliza para producir una ordenación de los stands. El producto de NSP por la densidad relativa de cada especie es el número Índice de cada especie en el stand (NIE). La suma de estos valores es el Número Índice del Stand (NIS). Los límites teóricos de estos números varían entre +1,000 y −1,000.

Las praderas pastoreadas presentan, generalmente, valores negativos, mientras que los no pastoreados tienen NIS positivos. En todo caso, aun cuando esto no ocurriera así, los ecosistemas pastoreados presentan, al menos, valores más negativos que los pastoreados, pero esto raramente ocurre.

$$\begin{array}{c}\text{Número de Susceptibilidad al}\\ \text{Pastoreo para una especie (NSP)}\end{array} \quad x \quad \begin{array}{c}\text{Densidades relativas de la}\\ \text{especie en un stand (DeR)}\end{array} = \text{Número Índice de la Especie (NIE)}$$

$$\begin{array}{c}\text{Suma de Número Índice de todas}\\ \text{las especies en un stand (NIE)}\end{array} = \text{Número Índice del Stand (NIS)}$$

La gradiente al pastoreo de la pradera se utiliza luego, para determinar la gradiente de pastoreo de cada especie, tal como aparece indicado en la Figura 2-6 para *Boutelova curtipendula*. La curva se suaviza de acuerdo a la fórmula $a + 2b + \dfrac{c}{4}$, de valores que se obtienen luego de agrupar la información en unidades medias de 100 intervalos.

Figura 2-6. Método de suavizar datos para Boutelova curtipendula. La curva suavizada representa el comportamiento de la especie a través de la gradiente (según Dix, 1959)

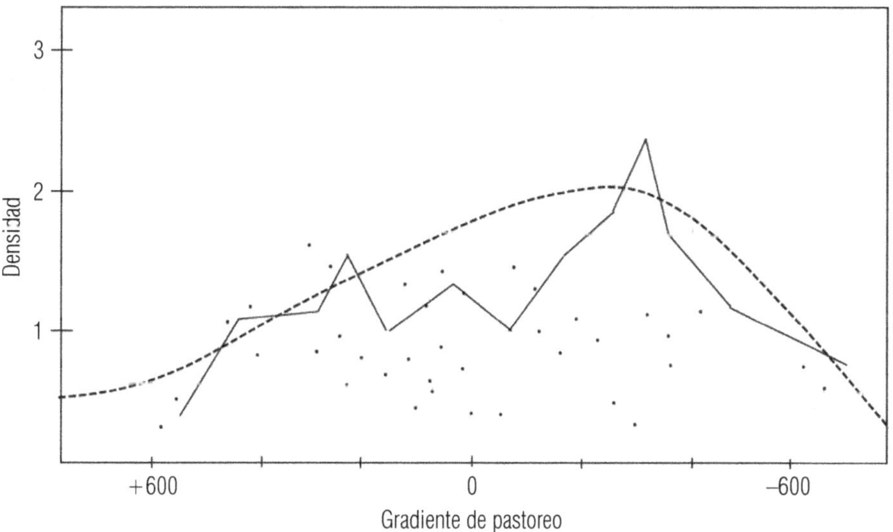

Las explicaciones dadas anteriormente son incompletas para explicar por qué la cifra de la gradiente fitosociológica presentada anteriormente es realmente una gradiente de pastoreo, ya que la mitad de cada par no fue pastoreada y, en cambio, la totalidad de la otra mitad lo fue. El NSP de cada especie se deriva de tal forma que solo los cambios relativos en densidad ocasionados por el ganado son considerados y, por lo tanto, no tiene relaciones directas con los requerimientos de humedad de la especie. Sin embargo, existe una bien conocida relación entre los requerimientos de humedad de una especie y su forma de crecimiento, la que, a su vez, está estrechamente relacionada con su capacidad de soportar pastoreo. Así, se tiene que, en esta forma, la agrupación de especies de acuerdo a su NSP agrupa directamente a las especies de acuerdo a su gradiente de pastoreo, pero secundariamente y en forma indirecta las ordena, también, en torno a una gradiente de humedad.

El trabajo de Dix, sucintamente descrito en los párrafos anteriores de este capítulo, indica claramente que, a medida que la presión de pastoreo aumenta, las especies más susceptibles disminuyen, al mismo tiempo que aquellas más adaptadas, vale decir, aquellas con un NSP muy bajo, aumentan. Se produce así una secuencia de especies características en cada agrupación de organismos pratenses.

Se tiene, de esta manera, la bien conocida agrupación de especies en tres categorías: decrecientes, crecientes, invasoras (Smith, 1949; Weaver y Hansen, 1941; y Dyksterhuis, 1948, 1949). Los resultados del trabajo de Dix (1959), pueden, sin embargo, interpretarse contradictorios a estos trabajos por cuanto cada especie se comporta diferente de las demás y, por lo tanto, no sería posible delimitar la totalidad de los componentes botánicos de una pradera determinada, en grupos arbitrarios que no se ajustan al comportamiento de cada especie. La fórmula para calcular el NSP clasifica, al menos, una especie en cada uno de los números posibles y no se observa tendencia alguna de las especies de formar grupos discretos, de acuerdo a su comportamiento frente al pastoreo.

El método descrito por Dix que utiliza NSP, presenta, por lo menos, dos grandes ventajas sobre el método tradicional de la condición y, por consiguiente, se hace más a menudo aconsejable su uso. En primer lugar, el método no depende del clímax teórico y, por lo tanto, se evitan desde un comienzo todos los posibles desacuerdos en la interpretación del clímax. La segunda ventaja de este método reside en la dudosa argumentación que puede hacerse sobre la validez de utilizar la ausencia de números bajos de una especie como un indicador de carácter ecológico del stand. La escasez o bajo número puede deberse a otras causas y no al pastoreo en sí, mientras que la determinación de la condición por medio del uso de NSP depende solamente de las especies presentes en el stand.

El método ofrece otra ventaja y esta deriva de que el método puede utilizar cualquier gradiente y, por lo tanto, podría ser utilizada para analizar cualquiera de los factores ambientales modificables en un ecosistema cualquiera, ya que no es a menudo conveniente comparar con el clímax. Teóricamente, puede determinarse gradientes de otra naturaleza y podría utilizarse en estudios de fertilizantes, manejo de agua, en suelo, especie animal, etcétera.

Uno de los argumentos que puede utilizarse para demostrar la validez ecológica del método reside en los resultados descritos en el trabajo de referencia. Las 48 especies con NSP positivos y 20 de las 30 con NSP negativos son especies nativas de la pradera, mientras que ninguna de las especies introducidas tiene un NSP mayor de –6.

El método propuesto por Dix (Figura 2-7) puede utilizarse en la determinación de la productividad potencial de la pradera y de la productividad potencial del sitio, siguiendo la metodología utilizada en las ciencias pratenses que dicen relación con condición. Para ello debe modificarse levemente las etapas generales y, al mismo tiempo, incluirse otras que en la actualidad no se consideran.

La primera etapa es la determinación de las regiones naturales del país con el objeto de delimitar las áreas con características similares. Luego, siguiendo las indicaciones descritas en este trabajo se pretende determinar el sitio en el cual se encuentra ubicada la pradera que se está analizando. Esas dos primeras etapas son comunes a todos los métodos seguidos en la evaluación del potencial productivo.

El índice vegetacional de Dix debe determinarse para cada pradera de un mismo sitio y región natural. El índice vegetacional es de por sí una comparación entre dos praderas, una testigo y una sometida a la acción de algún tratamiento, cuyo efecto se desea analizar.

Fuera de la comparación vegetacional debe, también, incluirse una comparación de producción. Para ello se debe determinar la relación que existe entre el índice respectivo y la productividad real de la pradera. Con ello es posible, mediante comparación de praderas en diversos grados de deterioro, con aquellas en estado óptimo, determinar el grado de reducción de la productividad. Finalmente, ajustar el índice vegetacional a la precipitación del lugar y tendencia de la pradera.

El índice de Dix tiene la ventaja que además de entregar información objetiva sobre la metodología a seguir en la calificación de la pradera, entrega resultados aplicables a cualquier tipo de praderas sin la necesidad de clasificar los organismos vegetales en categorías correspondientes a crecientes, decrecientes e invasoras, que son de por sí arbitrarios.

Figura 2-7. Relación densidad-número-índice del Stand (gradiente de pastoreo) de algunas especies seleccionadas

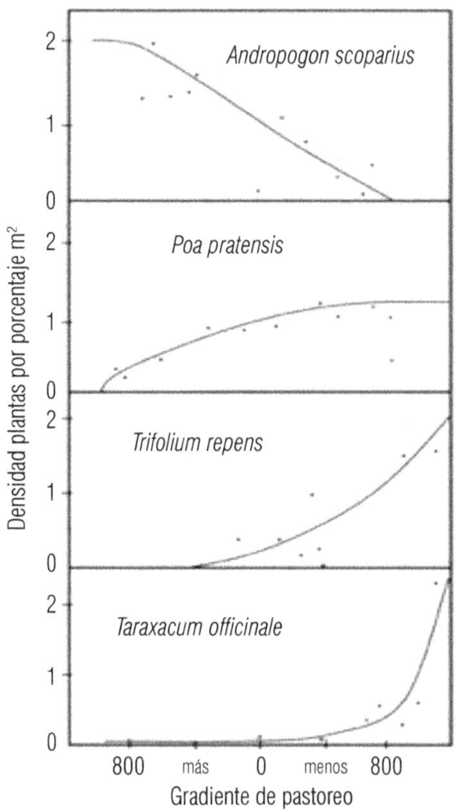

Los puntos representan valores de densidad promediados para unidades de 100 intervalos. Las curvas se obtienen de acuerdo al método descrito en el texto (según Dix, 1959).

Análisis fitosociológico de la pradera

El método del análisis fitosociológico descrito en el presente capítulo es un resumen del estudio de Daget y Poissonet (1969). El método se adapta al análisis de praderas densas y su fin es ser utilizado con el objeto de obtener resultados aplicables y no simples claros aislados sin mayor implicancia pratense. Se procede en dos fases. En la primera de ellas se reconoce la vegetación y el medio donde se desarrolla. En la segunda se realiza el análisis por el método del "punto-cuadrado" o point Quadrat.

El reconocimiento de la vegetación y del medio está basada en la anotación de las observaciones de terreno en formularios codificados y su utilización mecánica por medio de perforadoras y computación. Comprende un análisis fitosociológico de la vegetación y un estudio de las variables ecológicas estacionales, lo que permite caracterizar ecosistemas al nivel de producción primaria y evidenciar grupos ecológicos.

El levantamiento por el método del punto cuadrado logra resultados cuantitativos sobre abundancia de especies y superficie cubierta por ellas. Se recurre por ello a un proceso de medición, en el cual la principal cualidad es la fidelidad y donde es posible evaluar las frecuencias de todas las especies censadas.

Con el reconocimiento de la vegetación de la pradera natural y del medio, se obtiene, además, información de la riqueza florística del lugar y se determina el número de especies por superficie, lo que se denomina curvas área-especies. Con ello, se logra conocer el grado de homogeneidad del sector estudiado.

El levantamiento por el método de los puntos utiliza una regla o huincha de medir, de dos metros de largo, por ello, denominado doble metro y se hace lecturas cada 4 cm. Así se obtiene un conocimiento de la **frecuencia específica** y de la **contribución específica** de cada una de las especies presentes.

La **frecuencia específica** (FE) de una especie, es el número de puntos en que esta especie ha sido encontrada. Como el número de puntos leídos es 100, el valor de la FE es siempre centesimal. La probabilidad de presencia, es el límite hacia el cual tiende FE cuando el número de puntos leídos es muy grande.

En praderas densas, las lecturas hechas con la visual o al filo de una bayoneta, son de dimensiones despreciables. Se considera, por lo tanto, a la probabilidad de presencia como un sinónimo de recubrimiento. Por ejemplo, si en un lugar de muestreo se determina que en cada punto 4 especies han tocado, por lo cual a cada una de ellas corresponde una superficie inferior al milímetro cuadrado.

La contribución específica (CE) es la relación entre FE de una especie y la suma de FE de todas las especies tocadas en los puntos de lectura.

$$CEi = \frac{FEi}{\sum_1^n FEi} \ x \ 100$$

Donde:

$i = 1$

CEi = Contribución de la especie i

n = número de especies censadas

FEi = FE de la especie i

Existe una relación estrictamente lineal entre CE y el peso de materia seca expresado en porcentaje. Por lo tanto, CE puede considerarse como una expresión relativa de la biomasa. Además, CE permite comparar dos praderas o lugares, presentando cuantitativamente las similitudes o diferencias.

Los caracteres de las praderas artificiales y temporales (pasturas) pueden ser descritos siguiendo la metodología ya indicada para praderas naturales. La información así obtenida permite conocer las características fundamentales de la fitocenosis y el grado de degradación de la pradera.

La determinación de FE permite calcular CE de las gramíneas y leguminosas sembradas, como asimismo de las especies residentes. Utilizando luego el diagrama propuesto por los autores, es posible clasificar la formación pratense en categorías que van desde buenas hasta degradadas (Figura 2-8).

Figura 2-8. Diagrama de calificación de la composición florística de praderas resembradas con gramíneas y leguminosas, según Daget y Poissonet, 1969

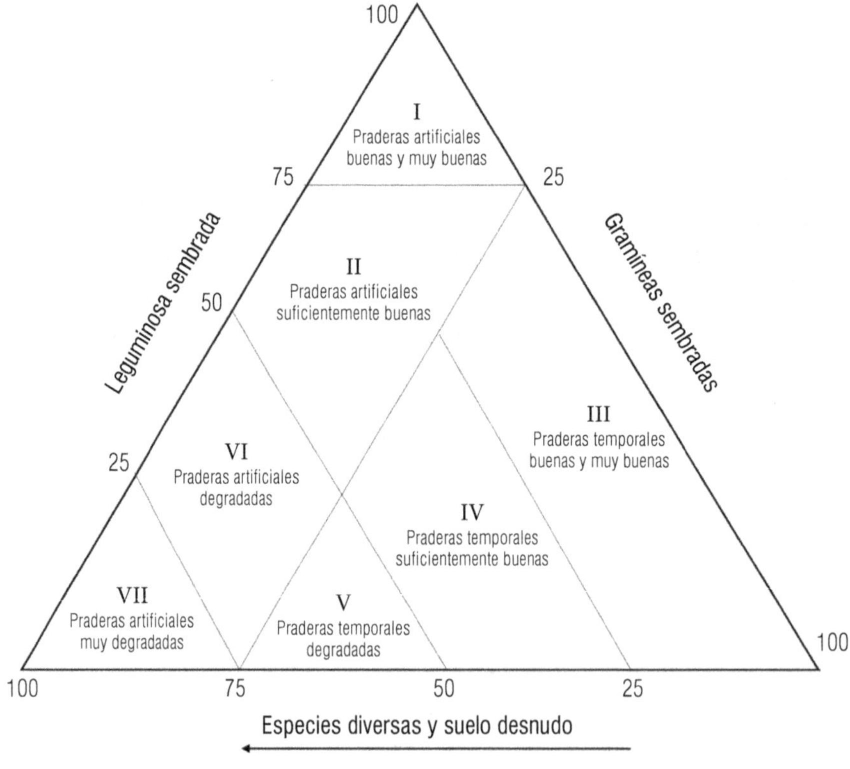

Valor de la pradera

El valor de la pradera (V) está caracterizado por la suma de CE de las especies sembradas y se expresa en porcentaje. El grado de degradación (D) se expresa por la suma de CE de las especies no sembradas, a las que se les agrega la proporción de suelo desnudo y se expresa también en porcentaje. Por lo tanto,

$$V + D = 100\%$$

Los valores de las categorías de degradación (D) de la pradera son los siguientes:

Categorías de degradación	%
Degradadas	0 a 25
Medianamente degradadas	25 a 50
Fuertemente degradadas	50 a 75
Muy degradadas	75 a 100

El grado de enmalezamiento (S) es el número de especies no sembradas en la lista florística completa. Se pueden distinguir varias categorías de praderas:

- Limpias   0 a 10 especies no sembradas
- Bastante limpias   10 a 20 especies no sembradas
- Sucias   20 a 30 especies
- Muy sucias   más de 30 especies

El cálculo del valor pastoral de una pradera puede hacerse utilizando la información disponible para determinar la contribución específica (CE). Es posible, sin embargo, llegar también a una determinación a través del análisis del espectro de constitución florística de la pradera (Cuadro 2-6).

El método del análisis fitosociológico ha escogido como expresión sintética del conocimiento de una pradera al "valor pastoral", ya que supone previamente la medición de las FE de los componentes botánicos de la fitocenosis. Además, es una medida simple que tiene aplicaciones prácticas, el cual ha sido aceptado internacionalmente con un buen consenso.

Cuadro 2-6. Clasificación pratense de acuerdo a la riqueza florística, según Gordon *et al.* (1968)

Clasificación de la flora	N° de especies en 16 m²
Muy pobre	≤ 10
Pobre	11 a 20
Mediana	21 a 30
Bastante rica	31 a 40
Rica	41 a 50
Muy rica	≥ 51

Al utilizar el método del análisis de espectro de constitución florística, se agrupan las especies en grandes categorías para luego indicar, además, la contribución individual de ellas. El criterio que se sigue en el reagrupamiento depende del tipo de estudio. Poissonet y Daget (1969) prefieren el de D.M. de Vries, el cual utiliza las siguientes categorías:

- Gramíneas muy buenas a gramíneas sin valor: 6 categorías
- Leguminosas buenas y muy buenas a leguminosas sin valor: 5 categorías
- Diversas forrajeras: 1 categoría
- Rechazadas: 4 categorías

La calidad de la pradera puede, entonces, establecerse con la ayuda de un espectro de constitución, utilizando escalas como la indicada en el **Cuadro 2-7.**

Cuadro 2-7. Calidad de la pradera utilizando varias escalas (Daget y Poissonet, 1969)

Valor de la pradera	Frecuencia centesimal		Contribución de las gramíneas en peso según Andries
	Según Baer	Según Andries	
Muy buena	≥ 76	≥ 71	≥51
Buena	61 a 75	61 a 70	31 a 50
Pasable	46 a 60	51 a 60	16 a 30
Mediocre	36 a 45	31 a 50	≤ 15
Insuficiente	≤	21 a 30	−
Mala	−	≤ 20	−

Puede, asimismo, representarse gráficamente en un sistema de coordenadas triangulares, las diferentes categorías en que se dividen las especies encontradas obteniéndose un diagrama de la composición pastoral elemental. Con este diagrama puede clasificarse o agruparse diferentes praderas desarrolladas en condiciones semejantes o con factores comunes de caracterización.

El cálculo del **valor pastoral (VP)** consiste en dar a la pradera un índice global de calidad, teniendo en cuenta su composición florística y el **valor relativo de las especies**.

El **valor relativo de las especies** se define, dándole a cada una de ellas un índice de calidad específico (Ie), que varía de 0 a 5. Este índice se ha determinado para un cierto número de especies a través de la información acumulada de su velocidad de crecimiento, valor nutritivo, palatabilidad, sabor, asimilabilidad y digestibilidad (**Cuadro 2-8**).

La determinación de VP de una pradera, requiere previamente conocer CE de cada especie, los que se multiplican por el índice específico (*Ie*) respectivo. Los valores obtenidos se suman y se expresan en porcentaje.

$$VP = 0,2 \sum_{i=1}^{n} CE_i \ x \ Ie_i$$

Debido a lo subjetivo del cálculo de *Ie*, no es recomendable atribuirle una gran significancia al valor pastoral de una pradera considerada aisladamente. La aplicación de este índice permite efectuar comparaciones entre praderas de una misma región natural. El problema es controvertido cuando se pretende utilizar el mismo valor *le* para regiones diferentes.

Es posible combinar las contribuciones de las categorías pastorales y el valor pastoral de las diversas hierbas de una región en un diagrama, de acuerdo al esquema de Vries. En las abscisas se indica la media de los valores pastorales reagrupados en clases de a 10. En las ordenadas se indica la contribución media acumulada de categorías de especies en un orden determinado (**Figura 2-9**):
- Plantas no forrajeras
- Gramíneas medianas
- Gramíneas buenas
- Gramíneas muy buenas
- Leguminosas forrajeras
- Diversas forrajeras

Cuadro 2-8. Índices específicos de algunas especies pratenses en la región Margeride, Francia (Poissonet, 1965)

Calidad	Grupo	Nombre específico	Ie
Gramíneas excelentes y buenas	Cereales utilizados como forraje verde	*Triticum sativum*	5
		Hordeum sativum	5
		Avena sativa	5
		Secale cereale	5
	Gramíneas pratenses sembradas	*Lolium multiflorum*	5
		Lolium perenne	5
		Dactylis glomerata	5
		Phleum pratense nodosum	5
		Festuca pratensis	5
		Festuca arundinacea	5
	Gramíneas espontáneas de fondo de valle	*Arrhenatherum elatius*	4
		Alopecurus pratensis	4
		Poa pratensis	4
	Gramíneas de praderas de altura	*Poa chaixii*	4
Gramíneas medias	Base pratense graminosa	*Agrostis vulgaris*	3
		Trisetum flavescens	3
		Avena pubescens	3
		Poa trivialis	3
		Festuca rubra	2
		Holcus lanatus	2
		Agrostis stolonifera	2
		Agrostis canina	2
Gramíneas mediocres y nulas	Gramíneas de baja productividad	*Festuca ovina*	
		Anthoxanthum odoratum	1
		Cynosurus cristatus	1
		Briza media	1
		Festuca duriuscula	1
		Koeleria cristata	1
		Danthonia decunbens	1
		Glyceria fluitans	1
		Deschampsia flexuosa	1
		Brachypodium pinnatum	1
	Gramíneas de valor nutritivo o productividad nula	*Holcus mollis*	
		Bromus mollis	0
		Aira caryophyllea	0
		Aira praecox	0
		Molinia coerulea	0

Calidad	Grupo	Nombre específico	Ie
	Gramíneas rechazadas	*Nardus stricta*	0
		Deschampsia caespitosa	0
Leguminosas excelentes y buenas		*Medicago sativa*	5
		Trifolium pratense	4
		Trifolium repens	4
		Trifolium hybridum	4
		Onobrychis sativa	4
Leguminosas suficientemente buenas		*Lotus corniculatus*	3
		Lotus uliginosus	3
		Vicia sativa	3
		Vicia angustifolius	3
		Lathyrus pratense	3
		Anthyllis vulneraria	3
Leguminosas mediocres		*Trifolium campestre* y otros tréboles pequeños	2
		Trifolium spadiceum	2
		Vicia cracca	2
		Ornithopus scoparius	1
		Genista pilosa	1
Leguminosas rechazadas y Nulas		*Sarothamuus scoparius*	0
		Genista tinctoria	0
		Genistella sagitallis	0
		Cytisus purgens	0
		Ononis spinosa	0
		Genista anglica	0
Diversas plantas forrajeras		*Sanguisorba officinalis*	3
		Sanguisorba minor	2
		Meum athamanticum	2
		Achillea millefolium	2
		Plantago lanceolata	2
		Taraxacum officinale	2
		Tragopogon pratensis	1
		Scorzonera humilis	1
Diversas plantas no forrajeras		Especies pacidas, pero sin interés forrajero	0
Rechazadas		Herbáceas	0
		Lignificadas sin espinas	0
		Lignificadas espinosas	0

Figura 2-9. Ejemplo de diagrama sintético de una región del Macizo Central de Francia (según Vries, 1905)

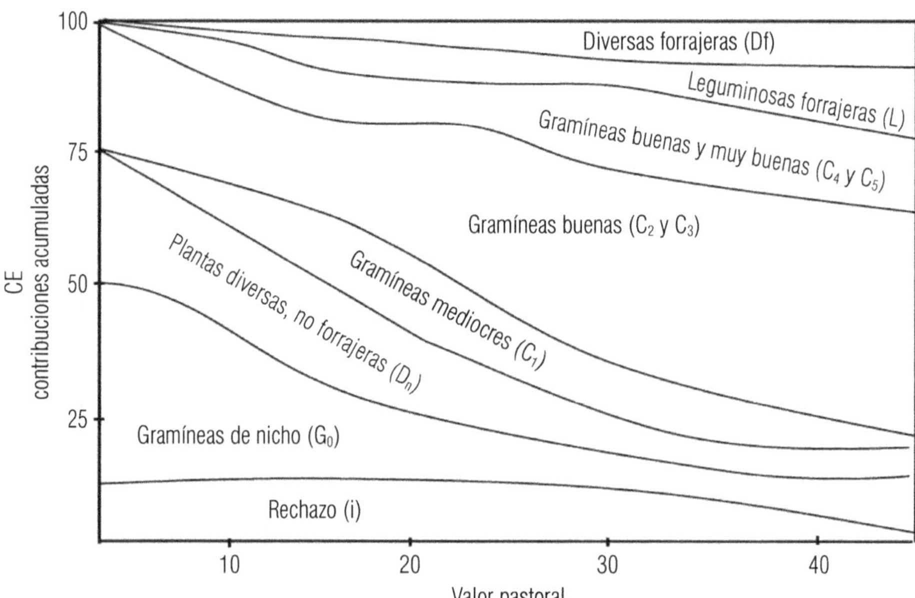

Es posible representar las contribuciones de las diversas categorías de especies en curvas separadas, con el objeto de determinar el espectro forrajero óptimo. En las categorías de forrajeras las curvas parten del origen, con un CE de 0. En las categorías de no forrajeras se parte con CE = 100 (Figura 2-10).

Tanto el diagrama sintético, como el espectro forrajero óptimo, pueden confeccionarse para una región determinada cuando existe un número alto de muestras y praderas analizadas. Las líneas continuas que se presentan en la figura corresponden a interpolaciones. Las líneas discontinuas son las extrapolaciones posibles cuando el número de análisis es insuficiente. El valor pastoral óptimo de estas praderas se encuentra en el punto donde la constitución de la categoría de plantas no forrajeras llega a 0.

La evaluación del potencial pastoral se hace a partir de los valores pastorales sobre un número representativo de lugares, en esta forma es posible determinar la capacidad sustentadora real y potencial de la pradera. Es posible, además, caracterizar la explotación pratense analizando la fitocenosis mediante un coeficiente de intensidad de utilización.

Figura 2-10. Contribuciones de los diversos grupos de especies pratenses en función de su valor pastoral en una región del Macizo Central de Francia (Daget y Poissonet, 1969)

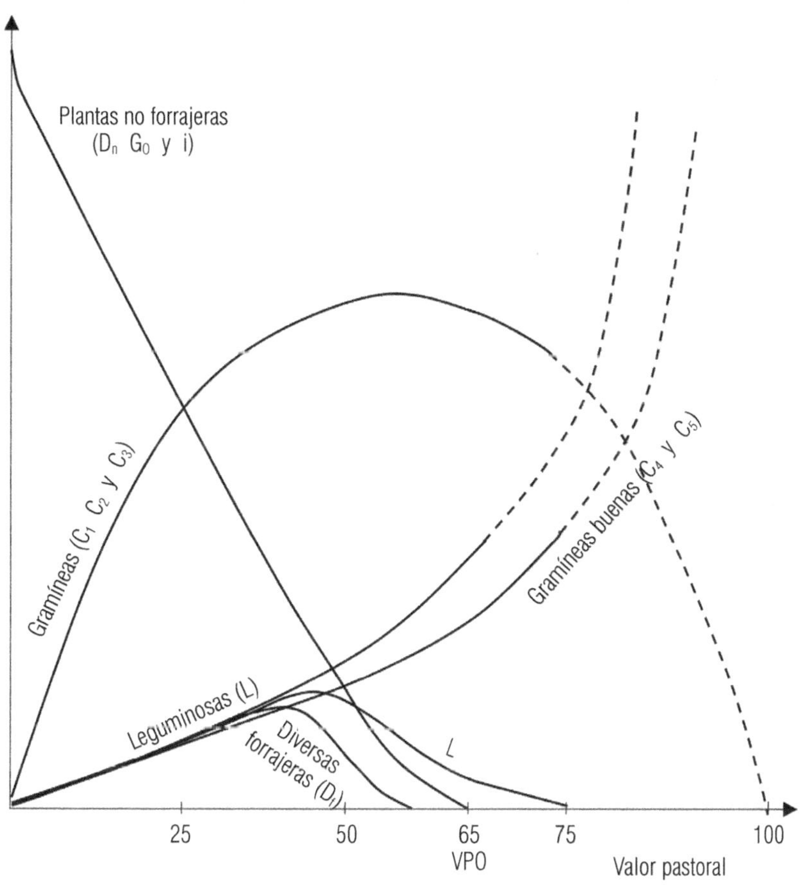

La capacidad sustentadora real se puede conocer por encuestas de los biomas analizados. Además, la confrontación entre la capacidad sustentadora real y el valor pastoral de la pradera, ha puesto en evidencia que existe una relación estrecha entre ambos. Esta relación es:

$$VP=0,02 \qquad 29 \ UGB/ha/año$$

La capacidad sustentadora potencial u óptima se determina conociendo como base el **valor pastoral óptimo (VPO)**. Para una región determinada la capacidad sustentadora óptima es igual a 0,02 VPO.

El coeficiente de intensidad de utilización *Ie* es la relación que existe entre la producción actual, expresada en UGB/ha, VP/ha o F/ha de un momento determinado y la capacidad potencial expresada en las mismas unidades. Esta relación varía de 0 a 1.

Los autores proponen cinco categorías de intensidad de explotación:

- Muy insuficiente   0,0-0,19
- Insuficiente o extensiva   0,2-0,39
- Mediana   0,4-0,59
- Buena (intensiva)   0,6-0,79
- Muy buena (muy intensiva) $\geq 0,80$

La información presentada en este capítulo es un extracto y resumen del trabajo de Daget y Poissonet (1969). Información más detallada puede obtenerse del trabajo original.

CAPÍTULO 3
TENDENCIA

Condición es una medida estática que se realiza para determinar lo que un ecosistema pratense es capaz de producir en un momento determinado, en relación al máximo posible de tejido útil que el sitio puede producir bajo la mejor utilización posible. Sin embargo, la medición instantánea de la pradera expresada a través de su condición no basta para conocer la magnitud del éxito del manejo que se está aplicando en un momento determinado.

Tendencia, velocidad y convergencia de la condición

La pradera es un complejo dinámico y, por lo tanto, puede encontrarse en equilibrio con los factores ambientales que la controlan o bien modificarse a través de cambios autógenos o heterógenos que, finalmente, conducen a otras etapas sucesionales. La medida que expresa el cambio de la etapa sucesional que se produce en períodos de tiempo muy pequeños es la tendencia. El concepto de tendencia indica, solamente, ausencia de equilibrio sucesional, energético, nutricional y poblacional y, específicamente, señala la dirección de los cambios sucesionales, pero no expresa, ni en forma explícita o implícita, magnitud de los cambios.

En un comienzo, era frecuente encontrar en la literatura, en forma confundida, simultáneamente, el concepto que se refería tanto a condición como a tendencia y utilización de la pradera (Talbot, 1937). En la actualidad la diferencia que existe entre ellos está claramente definida en la literatura de praderas.

La tendencia, según Bailey (1945) es la medida principal, por la cual, los resultados de un programa de manejo, en el que se han tomado medidas para ajustar la carga animal y el período de utilización de la pradera, puede ser más fácilmente evaluado. El mismo autor afirma que la determinación de la tendencia es de utilidad para indicar si la pradera sometida a un determinado sistema de manejo está mejorando, deteriorando o manteniendo.

La tendencia de la pradera puede manifestarse en tres formas diferentes. Una de ellas es la que se observa cuando no se producen cambios sucesionales, debido a que las fuerzas de degradación del ecosistema están en equilibrio con las fuerzas de mejoramiento. Se indica, entonces, que el bioma pratense se encuentra en tendencia **estable**. Si este no es el caso, tiene necesariamente que estarse produciendo cambios sucesionales en el ecosistema que se está analizando. Si los cambios conducen a un acercamiento sucesional hacia una etapa pratense más favorable, se indica que la tendencia es a **mejorar**. En caso contrario, si se trata de cambios que significan alejamiento sucesional, desde la etapa pratense óptima se habla de tendencia a **degradar**. Tendencia, por lo tanto, en la forma definida por Bailey (1945), es el cambio que se produce en un ecosistema desde o hacia una condición pratense deseable (Figura 3-1).

Figura 3-1. Diagrama que representa varios elementos en la tendencia de la pradera

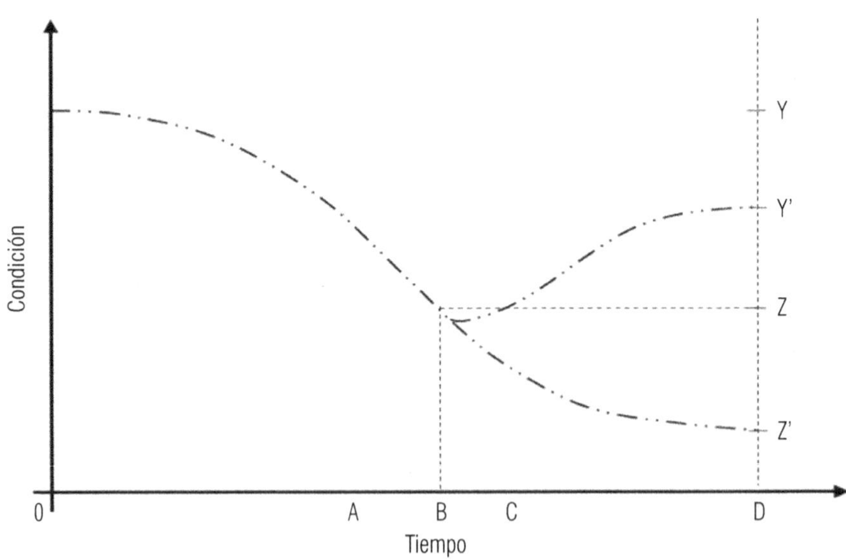

Y es la condición virgen, BZ es la condición luego de una cierta cantidad de deterioro; DY' – DZ – DZ'; son posibles soluciones de la pradera en algún tiempo futuro (según Ellison, 1949).

La determinación de la tendencia no tiene razón si no va acompañada de la condición, puesto que significa alejamiento o acercamiento de esta y es, según Costella y Schwan (1946), la tercera etapa que debe cumplirse al juzgar la pradera. Las otras dos son la determinación de la etapa sucesional, en un sentido fisionómico del ecosistema y la condición de la pradera.

A menudo, los cambios sinecológicos que se producen en una pradera son similares cuando se trata de alejamiento o acercamiento sucesional. Sin embargo, cuando la magnitud de los cambios que se producen en el ecosistema son de tal envergadura que significan destrucción de algunos factores físicos del medio ambiente abiótico, no ocurre reversibilidad de las sucesiones. Las etapas características de las sucesiones, progresivas y retrogresivas, pueden materializarse a través de sucesiones completamente diferentes. Es, por lo tanto, importante considerar, al juzgar la pradera, si los cambios que en ella se producen son **evolutivos** o **graduales**, o si se trata de lo que Ellison (1949) ha llamado **cambios destructivos**.

Los cambios de la pradera pueden determinarse estudiando los indicadores que señalan tendencia, tales como la composición botánica de los organismos, que constituyen la pradera, agrupados en categorías, de acuerdo a los grupos ecológicos que se trata y a las edades predominantes. Por ejemplo, una densidad alta de plantas jóvenes del grupo de las decrecientes y bajas densidades de plantas invasoras jóvenes y de plántulas, indica una tendencia a mejorar. Lo opuesto, una densidad alta de plantas adultas y seniles, de especies decrecientes y crecientes, pero baja densidad de plántulas de especies invasoras, es indicativo de una tendencia a degradar. La proposición relativa de grupos de individuos de varias edades es el mejor indicador de la tendencia de la pradera. En situaciones en las cuales existe una tendencia estable o a mejorar, las poblaciones de especies deseables e intermedias se mantienen o aumentan y, por lo tanto, disminuye la mortalidad de individuos adultos y aumenta la natalidad y desarrollo de los jóvenes y de las plántulas. A su vez, los organismos invasores y menos deseables, son indicadores de tendencia a degradar, siempre que los grupos de edades más jóvenes predominan sobre los más adultos (Blair, 1947).

Los ecosistemas pratenses, cuyos dominantes corresponden a especies de fisionomía de microfanerófita y nanofanerófitas y, cuyos subdominantes están representados por una estrata herbácea baja de hemicriptófitas, dominada por gramíneas perennes, la proporción de organismos jóvenes de estos dos grupos es un buen indicador de la tendencia. Una alta proporción de plantas pratenses y herbáceas de los grupos más jóvenes, es indicador de tendencia a mejorar. En cambio, un aumento exagerado de individuos jóvenes de especies arbustivas no forrajeras y especies invasoras, en general, es un sistema evidente de una tendencia a degradar (Blair, 1947).

Previamente a que se produzca una reducción en la tasa de mortalidad de las especies deseables o aumento de las menos deseables, ocurren modificaciones fisiológicas que son las directamente responsables de los cambios. La tasa de mortalidad de una especie determinada aumenta, generalmente, porque las condiciones ambientales donde el organismo se desarrolla le son menos favorables y, por consiguiente, las relaciones fisiológicas internas de los organismos se deterioran ocasionándole una muerte prematura. Además, se observa una fuerte presión de daño mecánico sobre los organismos pratenses de varios grupos que, también, puede ser responsable de ocasionar un aumento de la tasa ecológica de mortalidad. Previamente a que se detecte la muerte del organismo vegetal, se observa, sin embargo, una reducción considerable del vigor de los organismos. Reducción del vigor de los organismos deseables y de los decrecientes, es indicativo de un deterioro de la pradera o tendencia a degradar. Esto viene, generalmente, acompañado de un incremento del vigor de los organismos menos deseables e invasores, lo que contribuye a disponer de un diagnóstico más sólidamente fundamentado. La tasa de mortalidad (d) corresponde al cociente entre los organismos desaparecidos y el total de la población, en un momento determinado. Se calcula de acuerdo a la siguiente fórmula:

$$d = \frac{No - Nt}{No} \; x \; 100$$

Donde No, corresponde al número de organismos vivos presentes en la población al momento de iniciar el cálculo, y Nt al momento final, no incluyéndose los provenientes de migraciones.

Alto vigor de las especies decrecientes y deseables, es indicativo de una tendencia a mejorar de la pradera. Organismos y poblaciones que están con un vigor alto, presentan, también, una mejor producción de tallos florales, floración y reproducción, todo lo cual induce, finalmente, a un incremento de la tasa de natalidad. Buen vigor de las especies decrecientes y deseables, es indicativo de un futuro incremento de la densidad de población de esas especies y, por lo tanto, permite calificar a la pradera con tendencia a mejorar. Los trabajos realizados por Short y Wolfolk (1956) y Goebel y Cook (1960), concuerdan en considerar el vigor de los organismos como un criterio fundamental para calificar la tendencia.

La tasa de natalidad (n) corresponde al cociente entre los organismos nacidos y el total de la población, en un momento determinado, al iniciar su cálculo. Se calcula de acuerdo a la siguiente fórmula:

$$n = \frac{Nt - No}{No} \; x \; 100$$

Usando este criterio, es posible determinar la tendencia en un solo análisis vegetacional, puesto que previamente a los cambios estructurales de la biocenosis, ocurren modificaciones fisiológicas, morfológicas y de tamaño de algunas especies claves. Ello significa cambios de vigor en los individuos de algunas especies. El desarrollo de grados de vigor superior en las especies más deseables significa una tendencia a mejorar y lo contrario a degradar. Finalmente, conduce a cambios en las densidades de cada una de las poblaciones que integran la biocenosis, derivada de las modificaciones en la natalidad y mortalidad. Vigor, es la principal característica que debe considerase al determinar la tendencia del bioma pratense.

Las modificaciones individuales del vigor se manifiestan en la población alterando la tasa de cambio de cada grupo de organismos. La tasa de cambio (r) no es otra cosa que la diferencia entre natalidad y mortalidad, adicionándole o sustrayéndole el aporte o retiro de disemínulas provenientes de las migraciones.

$$r = (n + m_i) - (d + m_e)$$

Donde m_i corresponde a inmigración y m_e a emigración.

La tasa de m_i se calcula de la siguiente forma:

$$m_i = \frac{N_m - N_o}{N_o} \; x \; 100$$

Donde No representa el número de individuos al momento 0 y Nm el número de individuos al momento t, considerándose solamente aquellos originados por migraciones e ignorándose por lo tanto todos aquellos provenientes de natalidad y mortalidad.

La tasa de m_e se calcula de la siguiente forma:

$$m_e = \frac{N_o - N_m}{N_o} \; x \; 100$$

En la mayor parte de las praderas m_i y m_e son muy pequeños y, por lo tanto, pueden despreciarse. Podría, sin embargo, ser de importancia las inmigraciones acumuladas de semillas, las cuales pueden permanecer inactivas e inhibidas durante largos períodos mientras dura la fitocenosis, en los cuales algunas semillas no germinan. Los cambios en la composición botánica a menudo se traducen en germinaciones masivas de muchas de estas semillas estratificadas en el medio edafotópico.

El factor desencadenador que inicia los cambios sucesionales de la pradera tiene comúnmente un origen zoogenético a través de las diversas acciones de consortismo sobre cada uno de los elementos que constituyen el bioma. Ello tiene necesariamente que afectar la tasa de cambio de todas y cada una de las poblaciones, como asimismo diversos elementos abióticos que la integran. El resultado final de todo ello es la modificación de la densidad de las especies en un nuevo medio abiótico, o lo que es lo mismo, una nueva condición. Tendencia no es otra cosa que la determinación en un solo análisis de la dirección y magnitud de estos cambios. La **Figura 3-2** presenta esquemáticamente este proceso y lo que tendencia significa.

La biocenosis y el ecotopo, bajo una presión constante de alteración, conducen, finalmente, a algún equilibrio en una nueva categoría de condición.

El cambio en el número de individuos de una población, dentro de un ambiente donde los recursos son ilimitados, corresponde a la siguiente ecuación:

$$\frac{\partial N}{\partial t} = (n + m_i - d - m_e)\, N$$

Donde N representa el tamaño de la población y t el tiempo, n la tasa instantánea de natalidad y d de mortalidad.

Las poblaciones naturales, sin embargo, no se desarrollan en ambientes donde existen recursos ilimitados. El medio en el cual se desarrollan, por muy desocupado que se encuentre inicialmente, termina, finalmente, por ser ocupado íntegramente aumentándose al máximo la competencia intra e interespecífica entre organismos y poblaciones.

Los ecólogos prefieren referirse a las poblaciones en relación al espacio ocupado por ellas, ya que solo en algunas poblaciones experimentales se presentan ejemplos en el cual los recursos disponibles son ilimitados. El número de individuos por unidad de área o volumen es la densidad de una población. En praderas, las diversas poblaciones presentan densidades cada vez mayores. Ellos, a través del aumento de la competencia dentro y entre las poblaciones son la carga de la mayor resistencia ambiental. Las disponibilidades per cápita de nutrientes, agua y energía como, asimismo, la mayor concentración de exudados ocasiona finalmente una disminución de la tasa intrínseca de cambio de la población.

Figura 3-2. Esquema de los cambios graduales que se producen al cambiar la condición y etapa que se utiliza al determinar una condición (original)

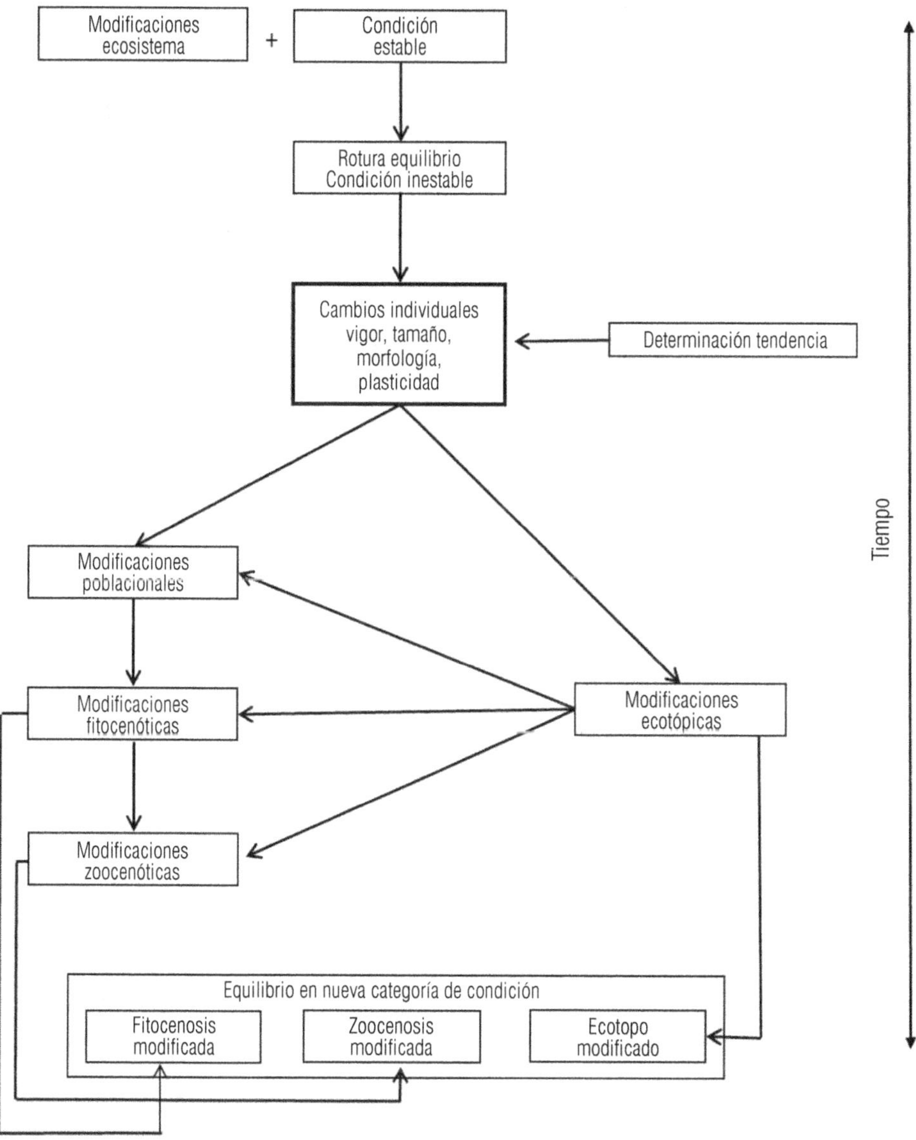

La densidad máxima que puede alcanzar una población en un ecosistema al lograr su equilibro es K. Durante las etapas pioneras características de biocenosis de reciente colonización, N representa valores muy bajos de densidad y K valores muchísimo más elevados. A medida que la población aumenta, la tasa instantánea de cambio de la población se hace más pequeña, hasta que, finalmente, N se hace igual a K, cuando la población alcanza su equilibrio. En este momento tiene que ser igual a cero.

La alteración del medio circundante a la población significa una modificación al nivel de equilibrio y, por lo tanto, deben producirse modificaciones de diversa índole hasta que la resistencia del medio alcanza un nuevo equilibrio con la población, expresado a través de su densidad. Ello se logra cuando N es igual a K, aun cuando el valor de K sea diferente del que tenía originalmente.

Las modificaciones en la densidad poblacional en ambientes limitados corresponden a la siguiente expresión matemática:

$$\frac{\partial N}{\partial t} = (n + m_i - d - m_e)\, N \frac{K - N}{K}$$

Los cambios ocurren independientemente para cada población que forma la comunidad. Si los cambios de todas y cada una de las especies que forman la biocenosis son igual a cero, la tendencia es estable. El incremento de la densidad de las especies decrecientes indica tendencia a mejorar. Al contrario, el incremento de las especies invasoras y de los menos deseables indica tendencia a degradar.

El **Cuadro 3-1** presenta un formulario utilizado para determinar la tendencia de la vegetación y del suelo, una vez conocida la condición.

Cuadro 3-1. Formulario tipo para determinar la tendencia en la zona del Pacífico Noroccidental de los Estados Unidos de América.

TENDENCIA DE LA CONDICIÓN DE LA FITOCENOSIS	Haga un círculo en el ítem correspondiente y calcule el resultado	
	Más	Menos
Condición excelente		
Especies deseables reproduciéndose en el stand	2	
Utilización no excesiva para un stand en condición excelente	1	

TENDENCIA DE LA CONDICIÓN DE LA FITOCENOSIS	Haga un círculo en el ítem correspondiente y calcule el resultado	
	Más	Menos
Arbustos con buen vigor	1	
Sobresaliente mortalidad o destrucción de plantas deseables		2
Especies intermedias y menos deseables invadiendo		2
Utilización excesiva de especies deseables y muy apetecidas		1
Arbustos moldeados y muriendo		1
Condición buena		
Especies deseables invadiendo espacios desnudos y reemplazando especies menos deseables e intermedias	2	
Utilización no excesiva para un stand condicionada buena	1	
Arbustos recuperándose de daño causado por ramoneo en el pasado	1	
Especies menos deseables reproduciéndose notoriamente		2
Utilización excesiva, de acuerdo a estándares para condición buena		1
Arbustos moldeados, muriendo, muertos y especies inferiores cuando presentes, utilizadas intensamente		1
Condición regular		
Especies deseables invadiendo, especies desnudas y reemplazando otras menos deseables	2	
Utilización no excesiva para un estándar de condición regular	1	
Arbustos recuperándose de daño causado por ramoneo en el pasado	1	
Especies menos deseables y anuales, reproduciéndose notoriamente		2
Utilización excesiva de acuerdo a los estándares para condición regular		1
Arbustos moldeados, muriendo y especies inferiores, cuando presentes, utilizados intensamente		1
Condición pobre		
Especies secundarias estableciéndose	2	
Utilización excesiva por ganado y vida silvestre	1	

TENDENCIA DE LA CONDICIÓN DEL SUELO	Haga un círculo en el ítem correspondiente y calcule el resultado	
	Más	Menos
Condición buena y excelente		
La cubierta normal de mantillo es reemplazada cada año	3	
Erosión acelerada no visible	2	
No se observa desplazamiento del suelo debido a pisoteo	1	
Actividad de roedores normal o menos que normal	1	
Mantillo no se acumula		3
Cubierta vegetal interrumpiéndose y exponiendo pequeños sectores de suelo desnudo		2
Se observa desplazamiento debido a pisoteo		1
La actividad de roedores en aumento		1
Condición regular		
Acumulación de mantillo, el cual cubre espacios desnudos entre matas y pasto	2	
Cárcavas, cuando presentes cicatrizando, con los costados bien cubiertos de pastos perennes	2	
Riachuelos y depósitos aluviales estabilizados con pastos perennes	2	
Desplazamiento por pisoteo insignificante	1	
Pedestales de especies deseables, cicatrizantes en los costados	1	
Mantillo no se acumula y la superficie del suelo se expone		2
Cárcavas no cicatrizantes con pastos perennes		2
Riachuelos y depósitos no estabilizados con pastos perennes		
Desplazamiento por pisoteo notable		1
Pedestales de especies deseables, con costados abruptos		1
Condición pobre		
Especies secundarias, malezas anuales y musgos aumentando y cubriendo superficies desnudas de suelo	2	

Este formulario que contiene puntajes no mide la velocidad de la tendencia y su objetivo es solamente indicar la dirección de los cambios dentro de las condiciones de suelo y vegetación previamente determinadas. Un alto puntaje en la columna positiva indica tendencia a mejorar, mientras que un alto puntaje en la columna negativa indica tendencia a degradar. Si las cantidades positivas y negativas se igualan, indica equilibrio o tendencia estable. No se califican aquellos ítems que no se aplican (Cuadro 3-2).

Cuadro 3-2. Resumen de la calificación de la tendencia

Tendencia	Vegetación	Suelo
Mejorar	❏	❏
Estable	❏	❏
Degradar	❏	❏

Además de la dirección de los cambios, en la pradera o tendencia, Bailey (1945) afirma que otros dos aspectos deben ser considerados: velocidad y selectividad. Velocidad ha sido definida como la rapidez con que se producen los cambios, es decir, la magnitud de los cambios que se producen, ya sea en el suelo, o bien, en la vegetación.

Los cambios en la vegetación que se producen en las sucesiones progresivas o retrogresivas no siempre siguen las mismas etapas sucesionales, aun cuando la etapa sucesional superior, el clímax, es siempre la misma. Esto se conoce como un principio de la **convergencia** y fue descrito, originalmente, por Clements (1936). Posteriormente, el concepto fue utilizado por Dyksterhuis, en 1949, y aplicado a la condición de la pradera. En relación a ello, este último autor indica que los cambios en la condición producidos por diferentes clases de animales, diferentes intensidades y estaciones de uso siguen diferentes etapas y conductos sucesionales. Esta es la razón por la cual, la simple descripción de la vegetación y del suelo de un lugar no ha sido una forma exitosa de determinar la condición de la pradera. Se pueden encontrar innumerables clases de vegetación que pueden representar la misma clase de condición.

CAPÍTULO 4

CAPACIDAD SUSTENTADORA

El origen del concepto de capacidad sustentadora, se sitúa en los siglos XVII y XVIII, a raíz de los debates surgidos en Europa por el crecimiento de la población y el suministro de alimentos. Malthus (1798), indica que el crecimiento de una población es proporcional al número de individuos. Luego, Verhulst (1830), señala que el crecimiento es de tipo logarítmico, teniendo un límite en función de los recursos presentes en el medio. Odum (1953), introdujo el concepto de la asíntota de la curva logística y lo relaciona con la capacidad sustentadora "K" del ecosistema que igualó a la asíntota.

Relación entre Productividad, Producción y Utilización

Al estudiar la condición de la pradera, no se debe olvidar que existen tres conceptos fundamentales que dicen relación con la productividad real y potencial de la pradera y del sitio.

Productividad Potencial del Sitio

Este valor se determina mediante la utilización de exclusiones u otros elementos, los cuales permiten conocer la composición sinecológica óptima que es posible esperar en el sitio, en relación a la productividad pratense. Esto es sinónimo de potencial del sitio.

Productividad Potencial de la Pradera

Es la capacidad de producir pasto o forraje de una pradera determinada, en un momento dado, cuando está sometida a la mejor utilización posible. Se entiende por esto que la productividad de la pradera es la máxima para la composición sinecológica real de un momento determinado. Este concepto incluye el no deterioro de la pradera o productividad sostenida de ella y, por lo tanto, conservación de ella o tendencia estabilizada. Es sinónimo de potencial de la pradera.

El mantenimiento de la productividad de la pradera a un nivel cercano al de la productividad del sitio requiere una buena estructura edáfica. Para ello, es necesario dejar remanentes sin utilizar sobre la superficie. Sin embargo, no existen pautas generales sobre qué cantidad debe quedar, lo cual, a menudo, se espera en porcentaje de la cosecha, en centímetros de altura o en kilógramos de materia seca por hectárea.

Wilson y McGuire (1961), por ejemplo, indicaron que el hecho de dejar un remanente no utilizado de 10 cm de altura, en lugar de la mitad, significa una considerable reducción de los rendimientos, lo cual puede deberse a una menor cantidad de energía luminosa utilizada por la planta, ya que los restos vegetales pueden causar condiciones excesivamente esciófilas sobre los componentes vegetales vivos.

Productividad Real

La productividad real puede ser diferente para un mismo sitio y composición sinecológica de la pradera al ser sometida a diferentes sistemas de utilización, aun cuando esto no signifique modificar la condición o producir una tendencia diferente a la estabilizada. Esta refleja, directamente, la utilización y el manejo presente de la pradera. El **Cuadro 4-1** es un ejemplo de la variabilidad en la productividad real que se puede lograr para un sitio y una pradera que tiene una sola productividad potencial. El mal manejo de la pradera ha inducido retrogresión de ella, a tal punto de presentar características desfavorables y, por ende, de baja productividad.

Cuadro 4-1. Productividad real de materia seca en kg/ha de una pradera en tres categorías diferentes de condición, en la región sur oriental de Oregon, EEUU (Hyder, 1953)

Condición de la pradera	Materia seca (kg/ha)
Mala	88
Regular	195
Buena	322

La determinación de la condición es solo una técnica para calcular la productividad potencial de la pradera en relación a la productividad potencial del sitio. No es de ninguna manera una forma de calcular el forraje consumido de la pradera, por cuanto no incluye ningún factor o medida que lo relacione con la utilización. Sin embargo, bajo condiciones normales de manejo, productividad real y productividad potencial de la pradera son equivalentes y, por lo tanto, bajo estas condiciones es posible utilizar la condición como una manera de calcular la capacidad productora de la pradera en un momento determinado y supone que esta es similar a la productividad bajo el sistema de utilización al cual será sometida.

Rendimiento

Es la fracción de la productividad neta susceptible de ser utilizada, es decir, se refiere solo a los tejidos consumibles por la especie de ganado a la cual se le destina, o bien, es el forraje que es cosechado como heno o ensilaje, sin que ocasione daño fisiológico o deterioro de los organismos o a la población productora.

Intensidad de Utilización

Es el porcentaje de productividad neta o de biomasa en pie removido o destruido por la especie de ganado o población que utiliza la biocenosis. No implica adecuación de la utilización, es decir, si se trata de pastoreo liviano, moderado o pesado. Solo indica la cantidad o proporción removida.

Influencia de la Precipitación y Condición en la Capacidad Sustentadora

La capacidad sustentadora varía para un mismo sitio, de acuerdo a la precipitación anual que recibe el lugar. En regiones áridas, en general, mientras mayor sea la precipitación, mayor es la productividad de pasto o forraje por unidad de superficie, al menos, en aquellas regiones áridas donde uno de los factores limitantes del ecosistema pratense es el agua. La adición de cantidades extras de este elemento significa mayor crecimiento en una zona donde la cantidad de energía luminosa recibida y las disponibilidades de elementos minerales en el sustrato y atmósfera son suficientes para sustentar un área de tejido vegetal mucho mayor.

En zonas de muy baja precipitación, o bien, en zonas de mayor precipitación, pero en años muy secos la reducción de la capacidad de sustentar cargas animales es mucho menor que en zonas más lluviosas. Esto se debe a que la curva que relaciona precipitación con las unidades animales mes por hectárea presenta una pendiente mayor cuando la condición de la pradera es excelente que aquellas muy deterioradas. En general, a medida que se produce una retrogresión sucesional de la pradera la pendiente de la curva disminuye hasta que se manifiesta, en su mínimo, en praderas en condición mala.

La **Figura 4-1**, por ejemplo, indica los valores reales calculados para una región natural de Montana, Estados Unidos. En ella, se puede observar que para una pradera en condición excelente en zonas de precipitación media de 375 mm la carga animal sugerida es 0,6 UAM/ha y 1,2 UAM/ha, si la precipitación es mayor de 750 mm. Esto significa una diferencia de 0,6 UAM/ha para el mismo sitio, pero bajo regímenes diferentes de precipitación.

Figura 4-1. Carga animal recomendable de acuerdo a la precipitación anual en la región natural de laderas del estado de Montana, Estados Unidos

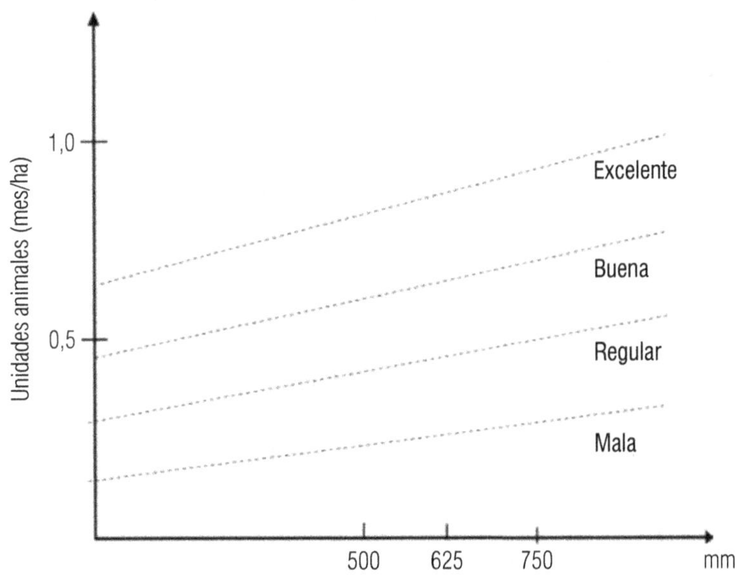

Basado en la información original, según Soil Conservation Service, 1962.

En cambio, en praderas en condición mala, la carga animal recomendable en la zona de más baja precipitación es 0,15 UAM por hectárea y de 0,25 UAM en la zona de mayor precipitación. Esto significa una diferencia de solo 0,10 UAM por hectárea con una duplicación de la precipitación. Todo esto significa que una modificación del factor limitante agua no significa necesariamente aumento sustancial de la producción de forraje. A medida que las condiciones ambientales se hacen más favorables para el crecimiento de la pradera, mayor es el aumento de la capacidad sustentadora de la pradera que se obtiene, al manejarla bien y mantenerla en excelente o buena condición, que aquellas en condición mala.

La diferencia de UAM que puede soportar una pradera en años secos o de baja precipitación en condición excelente y en años secos es en relación a la capacidad sustentadora en la que se obtiene una pradera en zonas de mayor precipitación o en años lluviosos.

Lo dicho anteriormente es probablemente válido, también, para otros factores ambientales que actúan como limitantes en la maximización de la producción pratense, tales como la fertilidad natural del suelo, adición de fertilizantes minerales, profundidad del suelo y otros.

El Cuadro 4-2 proporciona mayor información en relación a la variación de la capacidad sustentadora de las praderas en diversas categorías de condición, desde mala hasta excelente. En años de producción de forraje alta la capacidad sustentadora de las praderas, en condición excelente, es 2,7 veces superior que en años de baja producción de forraje. En cambio, si la condición es mala esta relación es solo 1,8 veces.

Cuadro 4-2. Cantidad de carga animal que bajo manejo adecuado puede soportar una pradera, de acuerdo a la producción de forraje en un año determinado (según Costello y Turner, 1949)

Condición	Carga animal en hectáreas por unidad animal mes en años de producción de forraje		
	Alta (ha/UAM)	Media (ha/UAM)	Baja (ha/UAM)
Excelente	0,45	1,01	1,21
Buena	1,21	1,52	1,92
Regular	1,92	2,32	3,14
Mala	3,14	4,50	6,08

Esto explica por qué en la mayoría de los casos se justifica realizar mejoras en praderas, cuyos recursos del medio ambiente físico y biológico son más abundantes. El esfuerzo material que significa manejar bien la pradera que se desarrolla en condiciones menos favorables, tales como de mayor aridez, suelos más delgados y pobres, pendientes más escarpadas y otros factores limitan la productividad del ecosistema. No quiere decir esto que no debe manejarse adecuadamente y tratar de mantener una condición árida o en suelos pobres. Esto solo significa que en igualdad de condiciones y, bajo disponibilidades limitadas de recursos, los resultados que se obtengan, finalmente, significarán mayores retornos si el esfuerzo se aplica a praderas de mayor potencial.

En Chile, las variaciones de las precipitaciones anuales obedecen a modelos característicos para cada zona (Gastó, 1966). El Cuadro 4-3 resume los valores medios en las localidades que integran la zona respectiva. En él se aprecia que, en el extremo norte, la curva de distribución de las precipitaciones anuales tiene forma de U, predominando los años extremos: sin lluvias y extremadamente lluviosos. A medida que se avanza hacia el sur la U se hace cada vez más suave para luego tomar la forma de campana con un máximo, desviado hacia los años secos. Los años con precipitaciones normales que, en la Zona Central de Chile, no alcanzan a constituir el 40% del total respecto del sur, en la zona de las lluvias y en la Austral Central, este valor alcanza cifras superiores al 70%. En la zona Austral Occidental y Oriental el porcentaje de años con precipitaciones normales es menor.

Cuadro 4-3. Características de las variaciones de las precipitaciones anuales en Chile mediante la clasificación de los años según su desviación del promedio (según Gastó, 1966)

Zona del país	Porcentaje de los años en cada clase (%)						
	Sin Lluvia	Muy Seco	Seco	Normal	Lluvioso	Muy lluvioso	Extremadamente lluvioso
Desértica litoral	48,5	1,4	2,7	5,1	2,4	2,0	37,7
Desértica de transición	6,2	24,0	13,4	11,8	11,7	11,1	21,8
Mediterránea transición	0,6	12,4	29,2	23,4	14,5	10,7	9,2
Mediterránea árida	0,0	8,1	24,8	32,4	20,2	7,6	7,1
Mediterránea semiárida	0,0	2,3	26,0	40,2	17,6	7,3	6,5
Mediterránea central	0,0	2,2	25,3	45,2	16,7	6,0	4,5
Mediterránea subhúmeda	0,0	0,6	19,3	56,9	16,6	6,3	0,3
Mediterránea húmeda	0,0	0,1	17,0	59,0	21,6	1,8	0,5

Zona del país	Porcentaje de los años en cada clase (%)						
	Sin Lluvia	Muy Seco	Seco	Normal	Lluvioso	Muy lluvioso	Extremadamente lluvioso
Zona Lluvias	0,0	0,0	14,3	72,3	13,1	0,2	0,0
Austral central	0,0	4,3	19,9	51,1	16,8	6,9	0,9
Austral occidental	0,0	1,5	22,6	57,5	16,8	1,5	0,0
Austral oriental	0,0	1,5	22,6	57,5	16,8	1,5	0,0

Las variaciones que se observan en la producción anual de forraje de año en año, en cada localidad, hace pensar que existen relaciones similares a las que se presentan en la **Figura 4-2**. Esto significa que la variabilidad anual de la capacidad sustentadora de la pradera es mayor a medida que la condición mejora. Es lógico que así sea, por cuanto, en años con déficit pluviométrico la diferencia de productividad entre las praderas en condición excelente o mala presentan una capacidad sustentadora muy similar, ya que existe un factor limitante que regula la productividad y la mantiene a niveles similares para ambas categorías de condición. Luego, una composición botánica más favorable no significa productividades más altas, debido a que la ley del mínimo en la pradera en condición excelente mantiene la productividad muy por debajo de la productividad potencial del sitio y la pradera. En años favorables la situación es diferente por cuanto en las praderas en condición mala, aun cuando desaparece la limitante hídrica, aparece a un nivel ligeramente superior la limitación florística y edáfica, que mantiene la capacidad sustentadora a un nivel muy bajo. En praderas en condición excelente la limitante florística no existe, al menos a un nivel tan bajo como en aquellas en condición mala y, por lo tanto, la capacidad sustentadora de la pradera se eleva considerablemente hasta alcanzar niveles muy altos de productividad, hasta que aparecen limitantes de otra naturaleza, tanto edáficos como climáticos.

En aquellas áreas donde las variaciones de las precipitaciones anuales son muy marcadas, además de todos los argumentos favorables a la mantención de una condición buena, es también importante el ajuste anual de la carga animal. A medida que mejora la condición, la carga animal recomendable aumenta su variabilidad en términos absolutos al variar la precipitación. Así, se tiene que para manejar y utilizar bien la pradera debe modificarse anualmente la carga animal, de acuerdo a las variaciones de la capacidad sustentadora de cada sitio y para cada año. En praderas en condición pobre este ajuste es mucho menor.

Figura 4-2. Precipitaciones anuales registradas en La Serena durante el período comprendido entre 1940 y 1960 y valores promedios calculados de la media y mediana para un período de 95 años

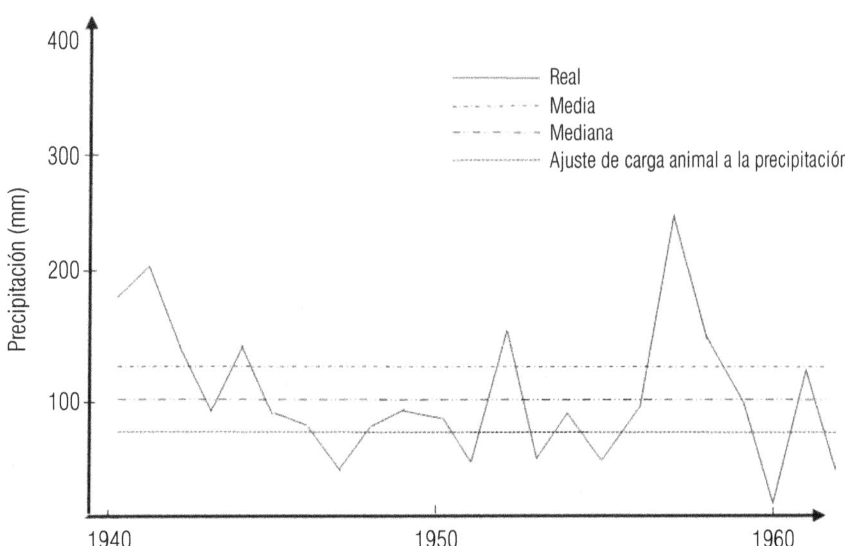

Se incluye, además, una línea graficada 30% inferior a la mediana, la cual representa el valor equivalente de la precipitación a la cual debe ajustarse la carga animal para varios años (Gastó y Contreras, 1970).

El promedio es el valor que más se utiliza para describir un grupo de datos que representan una población estadística, pues está ubicada en el centro de ellos. Los valores que se calculan con este propósito son las medidas de tendencia central. Para un grupo determinado de datos la medida de localización que se debe usar depende de lo que se quiera llamar centro, ya que las diferentes definiciones dan lugar a valores diferentes. Las medidas principales de tendencia central son la media y la mediana (Huntsberger, 1961).

Se aprecia, en general, que la mediana es mejor como medida de tendencia central que la media en las zonas desérticas y mediterráneas del país. La diferencia proporcional entre estos valores es mayor que en la Zona mediterránea semiárida donde alcanza el máximo y de allí disminuye gradualmente hacia el sur a medida que la precipitación anual aumenta (Gastó, 1966).

La **Figura 4-2** representa los valores reales de las precipitaciones registradas en La Serena desde 1940 hasta 1960. En ella se puede observar la variabilidad extrema ocurrida durante el lapso indicado para esa localidad de la zona mediterránea de transición. Se incluye, además, una línea que representa el valor calculado de la media y la mediana, durante los últimos 95 años. El valor de la media es 126,5 mm, y el de la mediana 107,2 mm. La razón de esta diferencia se debe a la existencia de años extremos donde las precipitaciones son abundantes, las que ocurren a intervalos anuales muy largos. Por esta razón, una proporción muy alta de las precipitaciones no es aprovechada eficientemente por la vegetación ni es, tampoco, almacenada en el suelo para ser usada en los años siguientes. Resulta, entonces, que es preferible usar como promedio la mediana, la cual reduce la incidencia en el promedio de los años extremadamente lluviosos.

Las precipitaciones registradas en cada localidad varían de año en año y ello no es un hecho fortuito, sino que corresponde a características climáticas propias de cada región. Los agricultores y ganaderos de las zonas árida y semiárida de Chile, a menudo, han ignorado esta característica general del clima y planificado el uso de la tierra y de las praderas, sin tomar las debidas precauciones para contrarrestar los perjuicios que pudieran causar los años desfavorables y sacar provecho de los favorables (Gastó y Contreras, 1970). La Figura 4-2 incluye, además, una línea graficada, 30% inferior a la mediana, que representa los valores equivalentes de la precipitación a la cual debe ajustarse la carga animal media para varios años y mantener, de esta forma, presiones de pastoreo regulables, de acuerdo al clima y a la condición de la pradera.

Determinación de la Carga Animal Adecuada, según la Condición de la Pradera

La primera determinación que debe realizarse en el ecosistema modificado pratense es conocer la condición de la pradera. Esto se hace independientemente de los organismos animales que la utilizan, puesto que es una propiedad de la pradera. Luego de conocer la condición, que es una característica fija, en un momento determinado, debe calcularse la capacidad sustentadora y la carga animal para cada condición y sitio.

La condición puede determinarse luego de calcular la composición botánica del sitio, tanto en su etapa óptima como la del momento. Luego, las especies se agrupan en tres categorías: decrecientes, crecientes e invasoras, de acuerdo a las características que presenten en cada sitio. La categoría a la cual corresponde la especie, no es una característica propia de ella en sí, sino que indica el comportamiento de cada especie, en cada sitio. La misma especie puede, por lo tanto, representar diferentes etapas sucesionales, en diferentes sitios.

Cuadro 4-4. Guía para la determinación de la condición de la pradera en los diversos sitios de la zona de laderas de la parte central del estado de Montana, EEUU, con una precipitación de 250 a 300 mm (Soil Conservation Service, 1962)

Especie decreciente	Especie creciente	Sitio *									
		TH	Sb	SS	In	SI	Ar	Sv	ArnD	LimD	ArcD
Elyno spp	Agropyron smithii		5	d	d	30	5	15	10	25	30
Spartina spp	Festuca idahoensis							d	d	d	d
Deschampsia caespitosa	Stipa comata					5	30	20	40	30	
Calamagrostis spp	Sporobulus cryptandrus						5		5		
Festuca scabrella	Koeleria cristata						5	5	5	10	5
Elymus canadensis	Catamagrostis montanensis							5	5	5	10
Bromus spp	Muhlenbergia cuspidata	--	--	--	--	--	--	--	10	15	5
Poa ampla	Boutelowa gracillis	--	--	--	--	--	--	5	10	10	5
Calamovilfa spp	Poa secunda	--	--	--	--	--	--	--	--	5	10
Festuca spp	Hordeum jubatum	--	--	--	10	--	--	--	--	--	5
Sporobulus airoides	Junquillos y estoquillos crecientes	25	15	10	5	5	--	--	5	5	5
Poa juncifolia	Nuhlenbergia richardsoni	--	5	10	--	5	--	--	--	--	--
Stipa viridula	Distychlis stricta	--	--	15	30	--	--	--	--	--	--
Agropyron spicatum	Hierbas crecientes	10	10	--	--	5	5	5	5	5	5
Danthonia parryi	Eurotia lanata	--	--	--	--	--	--	--	--	d	d
Agropyron trachycaulum	Artemisa tridentata	--	--	--	--	--	--	--	--	5	--
Stipa spp	Artemisa spp	--	--	--	--	5	--	--	--	--	--
Trisetum spicatum	Sacabatus vermiculatus	--	--	5	20	--	--	--	--	--	--
Oryzopsis hymenoides	Coníferas	--	5	--	--	--	--	10	--	--	--
Andropogon scoparius	Otras plantas leñosas	10	15		5	10	5	5	5	5	5
Boutelova curtipendula											
Poa canbyi											
Puccinellia spp											
Carex spp											
Hierbas decrecientes											
Leñosas decrecientes											

El símbolo "- -" significa que la especie tiene menos de 2,5% de cubierta o que no está presente en la vegetación clímax del sitio. El símbolo "d" significa que la especie es decreciente en ese sitio. Los sitios están descritos en el texto y corresponde a lo siguiente: TH: tierras húmedas; Sb: subirrigado; SS: subirrigado salino; In: inundadas; SI: salinas inundadas; Ar: arenas; Sv: savanas; ArnD:

118

| (porcentaje máximo de peso) | | | | | | | | | | | | Especies invasoras (el total debe ser ≤ que 2,5% en el clímax) |
ArcS	RipS	LimS	NlimS	Mo	ArcDS	AD	Ri	MS	SA	E	TM	
d	d	30	30	d	30	20	d	d	d	d	d	*Bromus anuales*
d	d	d	d			d	d	d	d	d		*Vulpia* spp
	d	25	25	d		d	d	d			d	*Poa pratensis*
	5					5	10	d				*Poa compissa*
5	15	10	10	10		10	d	d				Todas las otras anuales y exóticas
10	d	d	d	15	15	d	d	d		d		*Hordeum jubatum*
5	15	--	--	--	--	10	10	15	--	d	d	*Schenonnardus longiseta*
5	10	10	--	10	--	10	15	15	--	d	25	*Aristida longiseta*
10	10	10	10	10	5	10	10	10	--	10	10	Estoquillos invasoras
5	5	5	--	5	--	--	--	--	d	d	--	*Grindelia squarrosa*
5	5	5	5	5	--	5	--	--	--	d	d	*Conium maculatum*
--	--	--	--	--	--	--	--	--	--	--	--	*Taraxacum officinale*
--	--	--	--	--	--	--	--	--	d	d	--	*Cirsium lanceolatum*
5	5	5	5	--	--	5	10	15	--	15	5	*Cirsium arvense*
d	--	--	--	d	d	d	d	d	d	d	d	*Euphorbia asula*
5	--	--	--	--	--	5	--	--	--	--	--	*Ceuntaurea repens*
--	--	--	--	--	--	5	--	--	--	--	--	*Tetradymia* spp
--	--	--	--	--	--	--	--	--	10	10	--	
5	5	5	5	--	--	10	--	5	--	--	--	
5	5	5	5	--	--	5	5	5	--	5	5	

arcilloso superficial; LimD: Xxxxxxxxxxxxxxxxxxxxxxx; ArcD: arcilla densa; ArcS: Xxxxxxxxxxxxxxxxxxxxxxx; RipS: ripio superficial; LimS: limoso superficial; NLimS: no limoso superficial; Mo: moteado; ArcDS: Xxxxxxxxxxxxxxxxxxxxxxx; AD: afloramientos; Ri: Xxxxxxxxxxxxxxxxxxxxxxx; MS: Xxxxxxxxxxxxxxxxxxxxxxx; SA: salinos altos; E: exquisitos; TM: tierras malas.

La primera etapa en la determinación de la condición debe consistir en clasificar el sitio de acuerdo a la región natural donde se encuentra. Luego, por el método de los Transectos de Pasos y el de las Tres Etapas de Parker (1951), o cualquier otro que permita determinar el porcentaje de cubierta, se determina la composición botánica. En seguida, se clasifica la condición de la pradera dentro del sitio en que se encuentra.

La composición botánica de la pradera clímax que se encuentra en un sitio determinado debe ser conocida de antemano. Las especies clímax y aquellas que se desarrollan en etapas de sucesivo deterioro de la pradera se utilizan para establecer los patrones de comparación para cada sitio y, finalmente, clasificar las especies en los tres grupos, de acuerdo a su comportamiento en las sucesiones vegetales pratense. En el **Cuadro 4-4**, más adelante, se incluye una lista de las especies que se encuentran en la región natural de laderas en el estado de Montana y su clasificación de acuerdo al sitio. Algunas de las especies indicadas siempre son decrecientes, en cualquiera de los sitios que se les encuentra, dentro de una misma región natural de laderas. Las especies decrecientes pueden ocupar cualquier porcentaje de cubierta de suelo y siempre se las incluye en su totalidad, por cuanto por definición en ninguna etapa sucesional pueden representar una cubierta mayor que en el clímax. En esta forma, se tiene que cualquier porcentaje que de ellas exista en una pradera, debe ser considerado en su totalidad.

El grupo de plantas crecientes debe ser analizado en distinta forma. Este grupo está representado por organismos que aumentan temporalmente su porcentaje en la composición botánica, a medida que la pradera se deteriora, es decir, que se produce un alejamiento retrogresivo. Luego, su porcentaje, si continúa el deterioro de la pradera, también comienza a disminuir. Por esta razón, solo se acepta una determinada porción de ellos. El máximo aceptable para cada especie es aquel que existe en el clímax. El **Cuadro 4-4** indica también, el porcentaje de ellos que debe aceptarse en cada sitio, por el ejemplo citado anteriormente. Cualquier porcentaje de plantas crecientes superior al encontrado en el clímax debe ser descartado.

El tercer grupo de plantas está representado por las especies invasoras. Este grupo de especies no son típicas del clímax y, por lo tanto, deben ser descartadas en su totalidad. En el ejemplo que se ha estado citando, sin embargo, se acepta hasta un máximo de 2,5% de especies invasoras, pues en la etapa clímax existe hasta ese porcentaje. Por consiguiente, el porcentaje combinado de todas las plantas invasoras se limita a un máximo de 2,5%, sin considerar que presente individuos de cada especie en particular.

Finalmente, se suma el porcentaje total de las plantas decrecientes, más el porcentaje aceptable de especies crecientes e invasoras. El valor resultante de la adición de estos tres componentes es el que se utiliza para calcular si la condición está excelente, buena, regular o mala.

Luego de determinada la condición se procede a calcular la carga animal promedio, recomendable, para cada sitio. La información original debe provenir de estudios empíricos realizados, principalmente, en estaciones experimentales y de resultados prácticos obtenidos por ganaderos de la zona, para cada sitio. Para cada sitio y condición existe una carga animal óptima y está indicada en tablas que se han confeccionado con este propósito, y que representan la capacidad sustentadora del bioma en la condición que se encuentre.

La mayor carga animal aceptable para cada sitio ocurre en aquellas praderas en condición excelente, pero a medida que la condición de la pradera se deteriora la carga animal recomendable disminuye.

La inaccesibilidad de algunos sectores en ciertas praderas no está incluida en este cálculo y, por lo tanto, debe descontarse en forma independiente y con posterioridad a la determinación básica original. Además, cualquier otro descuento en la utilización de la pradera debe hacerse luego que las UAM han sido totalizadas.

La segunda corrección que se le debe hacer al cálculo de la carga animal recomendable es su ajuste de acuerdo a la precipitación promedio del lugar, para cada sitio determinado. Así, se tiene que, en general, a medida que la precipitación disminuye, la carga animal recomendable también disminuye.

El **Cuadro 4-5** proporciona la información básica para determinar la carga animal óptima en los distintos sitios de la región natural de laderas de Montana, Estados Unidos. En él se encuentra incluida la corrección por precipitación total anual que debe hacerse de acuerdo al lugar, donde el sitio se encuentra. Las cifras que en él aparecen representan los valores obtenidos en estaciones climáticas normales de utilización. Cualquier cambio en la época de utilización significa, también, modificación en la carga animal recomendable, ya sea aumentándola o disminuyéndola. En general, la carga animal debe aumentarse en forma considerable si la utilización de la pradera ocurre durante la época de latencia o dormancia.

Cuadro 4-5. Tabla básica para determinar la carga animal promedio recomendable para cada sitio, zona de precipitación y condición, en Montana, EE.UU. (Soil Conservation Service, 1962). Guía para hacer recomendaciones de la carga animal promedio

Precipitación media anual de la zona (mm)	Condición de la pradera (porcentaje y clase) UAM/ha			
	Excelente 100	Buena 75	Regular 50	Mala 25
625-725	0,41	0,31	0,20	0,10
500-600	0,32	0,24	0,16	0,03
375-475	0,24	0,18	0,12	0,03
250-350	0,16	0,12	0,08	0,04
125-225	0,08	0,06	0,04	0,02

La tabla básica para determinar valores promedios de carga animal se utiliza para todos los sitios sin discriminación. Sin embargo, algunos sitios son más productivos que otros. Así, se tiene que, en el ejemplo de Montana, que ha sido citado repetidas veces, las correcciones son las siguientes de acuerdo al sitio:

- Tierras Húmedas: tres veces los valores de la zona de precipitación de 500-600 mm.
- Subirrigada: dos veces los valores de la zona 500-600 mm.
- Inundada: dos veces los valores de la zona 600-600 mm.
- Salinas inundadas: una y media veces los valores de la clase superior de la zona de precipitación.
- Arenas: de acuerdo a la tabla para la precipitación correspondiente.
- Sabanas: de acuerdo a la tabla para la precipitación correspondiente.
- Arenoso: de acuerdo a la tabla para la precipitación correspondiente.
- Arcilloso: de acuerdo a la tabla para la precipitación correspondiente.
- Limoso: de acuerdo a la tabla para la precipitación correspondiente.
- Arenoso Delgado: de media a una zona de precipitación inferior a la precipitación que le corresponde de acuerdo a donde se encuentran ubicados.
- Arcilloso Delgado: de media a una zona de precipitación inferior a la precipitación que le corresponde de acuerdo a donde se encuentran ubicados.

- Limoso Delgado: de media a una zona de precipitación inferior a la precipitación que le corresponde de acuerdo a donde se encuentran ubicados.
- Arcilla Superficial: de media a una zona de precipitación inferior a la precipitación que le corresponde de acuerdo a donde se encuentran ubicados.
- Ripio Superficial: de media a una zona de precipitación inferior a la precipitación que le corresponde de acuerdo a donde se encuentran ubicados.
- Limoso Superficial: de media a una zona de precipitación inferior a la precipitación que le corresponde de acuerdo a donde se encuentran ubicados.
- No Limoso Superficial: de media a una zona de precipitación inferior a la precipitación que le corresponde de acuerdo a donde se encuentran ubicados.
- Moteado: de media a una zona de precipitación inferior a la precipitación que le corresponde de acuerdo a donde se encuentran ubicados.
- Afloramiento: de una a una y media zona de precipitación inferior.
- Ripio: de una a una y media o dos zonas de precipitación que la zona que le corresponde, pero no inferior que la mitad de aquella de 125-225.
- Muy Superficial: de una a una y media o dos zonas de precipitación que la zona que le corresponde, pero no inferior que la mitad de aquella de 125-225.
- Salinas Altas: de una a una y media o dos zonas de precipitación que la zona que le corresponde, pero no inferior que la mitad de aquella de 125-225.
- Esquistos: dos a tres zonas inferiores, pero no menos que la mitad de los valores para 125 a 225 mm de precipitación.

El planeamiento de la utilización de la pradera se hace con unidades animales, que es la medida estándar de comparación. La unidad animal (UA), ha sido definida como el alimento necesario para mantener una vaca de 500 kilos de peso vivo, con o sin ternero, sin destetar a su lado, o su equivalente.

Los equivalentes son:
- Bovinos
  - Terneros destetados y novillos de hasta 12 meses de edad   0,6 UA
  - Vaca madura y novillos, vaca con o sin ternero a su lado   1,0 UA
  - Toro de 2 años o más   1,3 UA

- Equinos
  - Un año   0,75 UA
  - Dos años   1,0 UA
  - Tres años   1,25 UA
- Ovinos, Caprinos
  - Cinco corderos o cabritos destetados, hasta 1 año   0,6 UA
  - Cinco madres con o sin cordero o cabrito   1,0 UA
  - Cinco carneros o chivos   1,3 UA
  - Cinco ciervos   1,0 UA

En aquellas praderas utilizadas por animales de una misma edad, el cálculo puede realizarse utilizando los valores indicados en el **Cuadro 4-6**.

Cuadro 4-6. Equivalente de unidades animales en ganado vacuno de varias edades (según Vinall y Sample, 1932)

Clase de ganado	Edad en meses mientras pastan	Peso inicial aprox. (kg)	Proporción (UA)	Factor animal
Terneros	8-14	160	0,45	2,22
Novillos o terneros de un año	14-20	200	0,60	1,67
Mayores de un año	20-26	280	0,75	1,33
Mayores de dos años	26-32	340	0,85	1,18
Mayores de dos años	32-38	390	0,95	1,05
Adultos	38	450	1,00	1,00

El forraje de cada especie vegetal disponible para el ganado (D) se calcula multiplicando la palatabilidad (P) o grado de utilización de la especie, cuando la pradera está utilizada adecuadamente, la productividad total de forraje producido en la estación de crecimiento (R).

$$R \ x \ P = D$$

El valor de R de cada especie no varía al cambiar la especie animal que la utiliza, pero P es a menudo diferente cuando se trata de ganado ovino, bovino o cualquier otro. Se tiene así que el valor de D para cada especie vegetal será diferente de acuerdo al ganado que utilice la pradera.

La suma de D correspondiente a todos los elementos vegetacionales que integran la pradera, representa el rendimiento total de forraje disponible por una determinada especie animal cuando la pradera está adecuadamente utilizada.

El cálculo del valor de D para uso dual de la pradera difiere del de la utilización monoespecífica de ella. Se obtiene mediante la multiplicación de R por el valor de P correspondiente a la especie animal que haga uso de ella a un grado más intensivo de utilización de la especie, es decir, por la palatabilidad más alta. La suma de los valores calculados para D correspondiente a cada planta deberá, por lo tanto, ser igual o mayor al correspondiente a la especie que hace un uso más integral de la pradera.

La adecuacidad (A) de la pradera se calcula determinando la relación que existe entre la disponibilidad de forraje utilizable cuando la pradera es pacida por la especie de ganado que más integralmente la utiliza (D_{Mx}) dividido por la de menor utilización (D_{Mn})

$$A = \frac{D_{Mx}}{D_{Mn}}$$

La comparación puede también hacerse en forma dual versus monoespecífica. En este caso se divide la utilización dual (D_{D1}) por cada una de las especies animales que se deseen comparar.

$$A = \frac{D_{D1}}{D_{Mx}} \qquad y \qquad A = \frac{D_{D1}}{D_{Mn}}$$

Los valores así calculados no son otra cosa que un índice de la proporcionalidad en que una pradera es más adaptada a ser utilizada por una u otra especie animal o bien al uso dual de ella.

La convertibilidad de unidades animales calculadas según el método de la condición no concluye hasta que se determine exactamente la carga animal que puede copar la capacidad sustentadora de la pradera. Ello no es otra cosa que el producto entre el equivalente de cabezas de ganado por unidad animal, empleando la conversión metabólica del ganado que utilizará el bioma y multiplicando la disponibilidad de forraje para la especie o especies animales respectivas.

$$Convertibiblidad = \frac{(Cabezas\ por\ U.A.\ especie\ a)\ x\ (Disponibilidad\ especie\ a)}{(Cabezas\ por\ U.A.\ especie\ b)\ x\ (Disponibilidad\ especie\ b)}$$

En el caso de uso múltiple por dos o más especies, simultáneamente, es posible también, determinar la convertibilidad utilizando la misma fórmula. En este caso, sin embargo, se compara la utilización múltiple versus la monoespecífica, pero para cada especie se emplea el factor forraje mayor. Si los resultados obtenidos indican que es preferible el uso combinado de varias especies, es necesario calcular la proporción de carga animal correspondiente a cada grupo de animales. Ello se hace utilizando la proporción de adecuacidad.

El método propuesto por Cook (1954) descrito en los párrafos anteriores puede ser empleado en situaciones muy complejas de utilización, por dos o más especies de animales domésticos o incluso en vida silvestre, donde 10 o más especies de mamíferos herbívoros mayores utilizan, simultáneamente, y en forma natural a la pradera natural pluriestratificada. Lamprey (1963) ha demostrado las ventajas del uso dual de la pradera en forma simultánea durante el año por 14 especies diferentes de ungulados. Según este autor existen seis mecanismos principales que permiten que varias especies que viven en contacto espacial se mantengan separados ecológicamente. Las razones principales son las siguientes:
- ocupación de tipos vegetacionales diferentes y de hábitats amplios
- selección de diferentes tipos de alimentos
- ocupación de la misma área en estaciones diferentes
- ocupación de diferentes áreas en la misma estación
- uso de diferentes niveles de alimentación o estratas vegetacionales, y
- ocupación de diferentes refugios de alimentación para escapar a la estación seca.

A manera de ejemplo se describe esquemáticamente el estudio de Cook citado anteriormente. Un área de 160 hectáreas fue pastoreada por 80 cabezas de ganado vacuno, desde el 1° de julio hasta el 1° de octubre y, en sector adyacente y comparable de 960 hectáreas, aproximadamente, fue utilizado por 1.050 ovejas y corderos desde el 3 de julio hasta el 26 de septiembre.

El equivalente metabólico de 5 ovejas por cada vacuno no fue adecuado para calcular la proporción, ya que los corderos ganaron proporcionalmente más peso que los vacunos. Ello se debe no al animal, sino a que el factor forraje para ovinos es diferente que para vacunos. Los valores obtenidos en el estudio se indican en el **Cuadro 4-7**.

Los resultados demuestran que la vegetación de ambos sectores es mejor adaptada a bovinos que a ovinos. Ello se debe al alto porcentaje de gramíneas que son mejor utilizadas por los bovinos. Los ovinos evitaron en mayor grado a las gramíneas a medida que avanzaba las cantidades de cultivos de las gramíneas durante los meses de verano. Al avanzar la estación ambos tipos de ganado demostraron mayor preferencia por hierbas y arbustos. Los vacunos demostraron preferir las hierbas, en tanto que los ovinos prefirieron los arbustos y sub arbustos, mediante el ramoneo.

Cuadro 4-7. Composición vegetacional, utilización de la pradera bien pacida y factor forraje de ovinos y bovinos en el norte de Utah, EEUU (Cook, 1954)

Especie vegetal	Composición vegetacional (1)	Palatabilidad		Factor forraje		Factor forraje mayor
		Ovino (2)	Bovino (3)	Ovino (1x2)	Bovino (1x3)	
Agropyron subsecundum	0,112	0,24	0,55	0,0269	0,0616	0,0616
Bromus carinatus	0,225	0,15	0,35	0,0337	0,0707	0,0707
Elymus glaucus	0,394	0,09	0,46	0,0355	0,1812	0,1812
Achillea lanulosa	0,010	0,08	0,00	0,0008	0,0000	0,0008
Agastache urticifolia	0,003	0,26	0,16	0,0008	0,0005	0,0008
Aster adscendens	0,001	0,14	0,10	0,0001	0,0001	0,0001
Aster engelmanni	0,001	0,53	0,20	0,0005	0,0002	0,0005
Aster fremontii	0,002	0,25	0,50	0,0030	0,0010	0,0010
Balsamorhiza sagittata	0,004	0,76	0,20	0,0004	0,0008	0,0030
Descurinia californica	0,003	0,14	0,00	0,0017	0,0000	0,0004
Helianthella uniflora	0,005	0,34	0,60	0,0265	0,0030	0,0030
Lathyrus leucanthus	0,059	0,45	0,20	0,0024	0,0118	0,0265
Lithospermum ruderale	0,004	0,60	0,60	0,0027	0,0024	0,0024
Lupinus caudatus	0,007	0,39	0,09	0,0003	0,0006	0,0027
Orthoscarpus luteus	0,001	0,30	0,00	0,0010	0,0000	0,0003
Osmorhiza occidentalis	0,003	0,34	0,15	0,0002	0,0004	0,0010
Phacelia heterophylla	0,001	0,20	0,00	0,0003	0,0000	0,0002
Polemonium albiflorum	0,001	0,33	0,15	0,0028	0,0001	0,0003
Senecio serra	0,009	0,31	0,18	0,0072	0,0016	0,0028
Thalictrum fendleri	0,116	0,45	0,05	0,0018	0,0008	0,0072
Vicia americana	0,003	0,61	0,25	0,0133	0,007	0,0018
Amelanchier alnifolia	0,029	0,46	0,10	0,0133	0,0029	0,0133
Prunus demissa	0,024	0,54	0,09	0,0129	0,0022	0,0129
Purshia tridentata	0,044	0,42	0,50	0,0185	0,0220	0,0220
Symphoricarpus vaccinioides	0,039	0,24	0,00	0,0094	0,0000	0,0094
	1,000			0,2034	0,3728	0,4339

El factor forraje es de 0,2034 para los ovinos y 0,3728 para los bovinos, por lo tanto, el pastizal era 1,83 veces más adecuado para vacunos que para ovinos.

Disponibilidad ovinos   =   F.F. 0,2034
Disponibilidad bovinos   =   F.F. 0,3728

$$Adecuacidad\ monoespecífica\ =\ \frac{F.\ F.\ bovinos}{F.\ F.\ ovino}\ =\ 1,83\ veces\ mayor\ bovinos\ que\ ovinos$$

Sin embargo, si se utiliza el mayor factor forraje para cada especie vegetal, independientemente de que utilice el total de la pradera es en este caso mayor y corresponde a 0,4339. Este es el factor forraje para el uso dual y es 2,13 veces superior a la utilización de ovinos, solamente, y 1,16 veces en el caso de vacunos.

$$Adecuacidad\ monoespecífica\ =\ \frac{F.\ F.\ dual}{F.\ F.\ monoespecífica}\ =\ \frac{0,4339}{0,3728}\ =\ 1,16\ veces\ dual-bovinos$$

$$Adecuacidad\ monoespecífica\ =\ \frac{F.\ F.\ dual}{F.\ F.\ monoespecífica}\ =\ \frac{0,4339}{0,2034}\ =\ 2,13\ veces\ dual-ovinos$$

Uso dual no significa uso excesivo, ya que una especie animal es complementaria de la otra. La convertibilidad se puede calcular de la siguiente manera:

$$Convertibilidad\ óptima\ =\ \frac{U.A.\ vacuno\ por\ cabeza\ vacuno\ x\ U.A.\ vacuno}{U.A.\ ovino\ por\ cabeza\ ovino\ x\ adecuacidad}$$

Despejando U.A. vacuno, se obtiene la equivalencia con U.A. ovino

$$U.A.\ vacuno\ =\ \frac{U.A.\ ovino\ por\ cabeza\ ovino\ x\ U.A.\ ovina}{Cabeza\ vacuno\ x\ U.A.\ por\ adecuacidad\ bovina:ovina}$$

$$U.A.\ vacuno\ =\ \frac{U.A.\ ovino\ x\ 5}{1,83}\ =\ 2,73\ cabezas\ ovino$$

Ello significa que en la pradera referida es posible reemplazar un vacuno por cada 2,73 ovinos.

La capacidad total del área con uso dual sería de 560 U.A. al ser utilizada por bovinos más 306 U.A. al ser utilizada por ovinos, lo cual daría un total de 866 animales y un factor forraje de 0,5763. Así, se tiene que si el factor forraje calculado teóricamente es de 0,5763 se podrían mantener en el campo 866 U.A., y por lo tanto, cuando el factor forraje es de solo 0,4339 para uso común, la capacidad sustentadora sería de 652 U.A.

Conociendo la disponibilidad para cada clase de ganado, se puede calcular la adecuacidad de la pradera, la cantidad máxima de unidades animales y la relación óptima de las distintas clases de ganado para obtener una mejor utilización y más uniforme.

Al hacer estas conversiones pueden presentarse dos situaciones especiales, las cuales se indican a continuación, utilizando la información del Cuadro 4-8.

Cuadro 4-8. Capacidad sustentadora de la pradera al ser utilizada en conjunto por ovinos y bovinos en variadas proporciones y uso monoespecífico

Capacidad sustentadora combinada	Proporción ovina y bovina con uso común				Proporción de conversión a vacuno	Proporción de conversión a ovino
Unidades animales	Vacuno		Ovino			
	%	U.A.	%	U.A.	U.A.	U.A.
306	0	0	100	306	1,83	–
422	33,4	141	66,6	281	1,49	0,18
536	52,4	281	47,6	255	1,09	0,18
652	64,7	422	35,3	230	0,60	0,18
621	75,4	468	24,6	153	0,60	0,33
591	87,0	514	13,0	77	0,60	0,45
560	100,0	560	0	0	–	0,55

Las columnas de la derecha muestran las proporciones de conversión al cambiar de uso dual a simple (Cook, 1954).

En el primer caso, se ha supuesto que se tiene una empresa en la que solo se tiene ganado vacuno y se quiere introducir ovinos para mejorar la utilización de la pradera. Si la cantidad existente fuera de 468 U.A. vacuno, para calcular la cantidad de U.A. ovino que debe introducirse, se calcula la relación de conversión de la siguiente forma:

$$Convertibilidad = \frac{Máx.\ U.A.\ vacuno - Óptimo\ U.A.\ vacuno\ en\ dual}{Óptimo\ U.A.\ ovino\ en\ dual}$$

$$Convertibilidad = \frac{560 - 422}{230} = 0,60$$

El coeficiente 0,60 indica que por cada 0,60 U.A. vacuno que falta para llegar al máximo de vacuno se puede introducir una U.A. oveja. Ello significa que si tiene 468 U.A. vacuno como máximo se puede llegar a 560, es decir que se podría agregar 92 U.A. vacuno.

Si 0,6 U.A. vacuno a 1 U.A. oveja:

- 92 U.A. vacuno x 1 U.A. oveja
- $\dfrac{92 \times 1}{0,6} = 153$ U.A. ovejas

Así, se tiene que 468 U.A. vacuno se complementan con 153 U.A. ovino. La cantidad de ovejas se obtiene multiplicando 153 por 5, que es la relación metabólica usada.

En el segundo caso, si se está trabajando sobre lo óptimo con ovinos y se tiene el interés de introducir vacunos, la relación de conversión se calcula de la siguiente forma:

$$Convertibilidad \ = \ \frac{M\acute{a}ximo\ U.A.\ ovino - \acute{O}ptimo\ U.A.\ ovino}{\acute{O}ptimo\ U.A.\ vacuno}$$

$$Convertibilidad \ = \ \frac{306 - 230}{422} \ = \ 0,18$$

En esta forma, si por ejemplo se tiene 281 ovinos, para obtener la cantidad de U.A. vacunos necesarios para complementar el buen uso de la pradera se hace la diferencia 306 – 281 = 25.

El valor 25 se divide luego por 0,18

$$\frac{25}{0,18} \ = \ 141\ U.A.\ vacunos$$

CAPÍTULO 5
APLICACIÓN DEL CONCEPTO

El proceso de deterioro de la pradera puede ser descrito de acuerdo al modelo general que se presenta en las praderas, a medida que se alejan del clímax o de la etapa óptima. Aunque en el caso de las praderas clímax el deterioro de la pradera es siempre sinónimo de retrogradación sucesional, no siempre son términos equivalentes en otros tipos de pradera.

Etapas del deterioro y mejoramiento de la Condición

El proceso de deterioro de la pradera clímax se manifiesta en dos fases. Una de ellas es el deterioro de la comunidad biológica, que está constituida principalmente por los organismos pratenses que constituyen la pradera clímax. La otra fase del deterioro se manifiesta en la degradación de los elementos físicos que constituyen el medio ambiente, donde los organismos se desarrollan.

Las praderas clímax retrogradas se caracterizan por presentar, simultáneamente, síntomas de deterioro de los componentes: físico y biológico, aun cuando ocurre generalmente, que solo se produce inicialmente un deterioro biológico de la pradera, mientras que el deterioro físico durante las etapas iniciales de retrogradación es nulo o casi nulo. Si el deterioro biológico continúa se produce, entonces, un incremento del daño al componente abiótico, y a medida que la pradera incrementa su retrogradación, el deterioro biológico aumenta hasta que se concluye en el desaparecimiento total de la vegetación pratense. El deterioro físico se incrementa a medida que se retrograda la pradera hasta que, finalmente, el retroceso causado es de tal magnitud que se transforma en irreversible.

131

Las praderas disclímax, en cambio, se pueden deteriorar en dos formas diferentes. Lo más común es que se produzca el daño, al igual que en los anteriores por retrogradación o alejamiento retrogresivo. En este caso operan ambos factores y tanto el componente biótico como el abiótico presentan etapas de degradación similares a las de las praderas clímax.

Otra forma de degradación de las praderas disclímax, es por sucesiones progresivas o alejamiento progresivo. Bajo estas condiciones, los síntomas característicos de la degradación sucesional son diferentes a los que se presentan en las praderas en estado de alejamiento retrogresivo. La degradación de la pradera se produce debido a un avance sucesional o progresión y, por lo tanto, se produce un mejoramiento del componente biótico del ecosistema, en general, aun cuando la pradera se deteriora. Las etapas de deterioro de la pradera, por alejamiento progresivo iniciado desde un disclímax alterado son las siguientes (Figura 5-1):

1. El excesivo pacimiento selectivo debilita y ocasiona la muerte y destrucción de las especies más palatables.
2. La tasa de crecimiento de la población de las mejores especies pratenses disminuye y se hace negativa, mientras especies de inferior calidad pratense aumentan su tasa haciéndose positiva, superior a cero. Comienza a aumentar la fertilidad del suelo, materia orgánica, mantillo, capacidad de retención de agua y otras propiedades del suelo.
3. Las especies invasoras, indicadoras de etapas sucesionales superiores a la pradera disclímax migran, se establecen y mantienen una alta tasa de incremento de la población.
4. Las especies pratenses de buena productividad y de buena o regular palatabilidad desaparecen. Especies pratenses características de etapas fisionómicas más avanzadas, tales como arbustos, árboles pequeños y árboles medios aumentan en desarrollo. El suelo presenta características más similares a uno forestal, tales como aumento de mantillo, la densidad aparente disminuye, aumenta la estabilidad y disminuye al mínimo la erosión.

Las Figuras 5-2 y 5-3 representan la relación que existe entre la productividad potencial del suelo en condición excelente y la que ocurre luego de retrogradarse por alejamiento progresivo, debido a la invasión de arbustos. Los arbustos, a pesar de producir alimento para el ganado y vida silvestre, eliminan por competencia a algunas forrajeras herbáceas, las cuales son más eficientes utilizadoras de los recursos del medio. El balance final es entonces, que la productividad neta del ecosistema disminuye considerablemente.

Figura 5-1. Cubierta de la copa de un componente dominante de la estrata de micronanerófitas (*Prosopis juliflora*), expresado en porcentaje de la cubierta edáfica y su relación con el porcentaje de suelo cubierto por gramíneas perenne, en Arizona

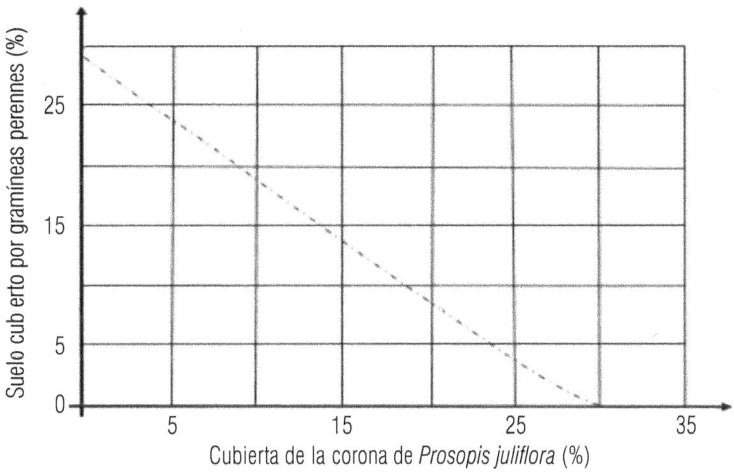

Mayor cubierta de la copa significa menor producción de forraje y, por consiguiente, peor condición (según Upson, Cribbs y Stanley, 1937).

Figura 5-2. Relación entre la proporción de producción máxima de forraje y la densidad de *Prosopis juliflora* (según Reynolds y Tschirley, 1963)

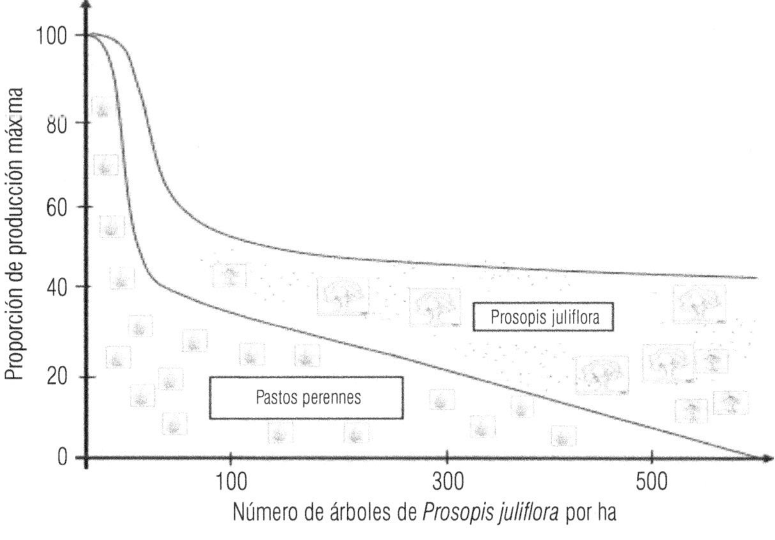

Figura 5-3. Resultado de la medición de la pradera por varios años en Arizona, con y sin control (Parker y Martin, 1952)

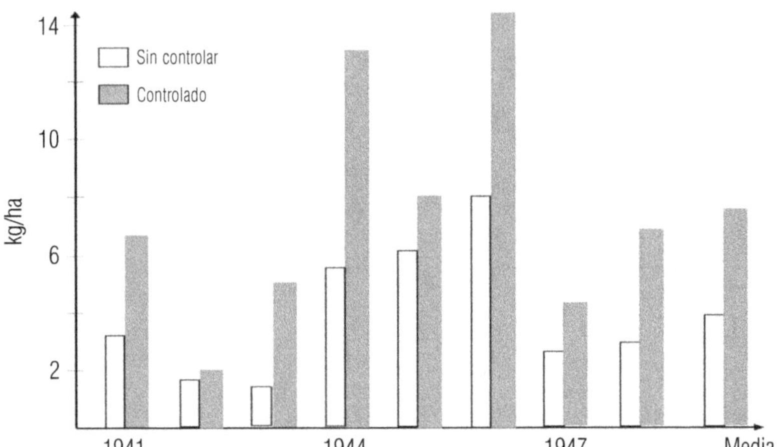

Las etapas características de degradación retrogresiva o etapas de retrogradación, son de acuerdo a *Range Division* (1942) las siguientes:

1. El pastoreo excesivo y selectivo debilita y ocasiona la muerte de las especies más palatables.

2. Las especies menos palatables ocupan el lugar desocupado por las especies más palatables.

3. Comienza la erosión debido tanto al pisoteo como a la carencia de raíces fibrosas que unen las partículas de suelo, característica que presentan las especies pratenses más palatables y que generalmente no se presentan en aquellas.

4. Las plantas deseables restantes son debilitadas debido a la utilización del ganado aún más intensivamente y, por lo tanto, se hacen más susceptibles de lesiones y daño del pastoreo.

5. A medida que las plantas palatables mueren el ganado es forzado a hacer un uso más amplio de plantas de baja palatabilidad y eventualmente les ocasionan su destrucción. Además, se acelera el proceso de destrucción abiótico. En este caso el suelo.

6. Así, el proceso de erosión se incrementa, removiendo el medio abiótico el cual podría, si se mantuviera en su lugar, proporcionar la base para mantener la resiembra de las especies pratenses originales.

7. Invasión de plantas inferiores, erosión acelerada y escurrimiento superficial ocurren simultáneamente.

El proceso completo de deterioro de la pradera termina en ecosistemas desnudos, desprovistos de cobertura vegetal. Las praderas casi desnudas presentan, generalmente, pobre condición del suelo y de erosión, características que permiten determinar el grado de destrucción y conocer las medidas que deben ser aplicadas para la recuperación de la pradera en el área desnuda. Praderas desnudas son praderas ecológicamente enfermas y, por lo tanto, necesitan de especial cuidado y manejo para su recuperación.

Las medidas de recuperación y habilitación de la pradera dependen bajo toda circunstancia del control de los movimientos del ganado y del ajuste de la utilización de la pradera mediante la regulación de la presión de pastoreo. Esta presión debe ser disminuida por un período o bien dejar la pradera en rezago, manejar el pastoreo en forma diferida y la eficiencia del riego o la cosecha de agua, hacer manejos de fertilidad, entre otras, hasta lograr su recuperación.

Las áreas devastadas de mayor tamaño son frecuentemente más fáciles de manejar y planificar su protección que aquellas áreas más pequeñas y aisladas, que se encuentran en medio de otros segmentos mayores de pastoreo, tales como senderos de ganado, dormideros, periferia de aguadas y saladeros. Las áreas pequeñas y aisladas son, sin embargo, de importancia mayor que la proporción del tamaño que representan, por cuanto una vez desprovistos de vegetación, tales sectores deteriorados aumentan rápidamente de tamaño, en círculos concéntricos cada vez mayores (*Range Division*, 1942).

Algunos de los síntomas más característicos que indican mejoramiento de la condición de la pradera y de la tendencia hacia el restablecimiento de especies de alta productividad, las cuales, al mismo tiempo, son capaces de controlar la erosión, son los siguientes:

- Remanentes de especies claves características de etapas más avanzadas y condición superior, muestran incremento de su vigor y mayor crecimiento que lo usual.
- Vegetación invadiendo áreas previamente total o parcialmente desnudas.
- Presencia de plántulas o nuevo crecimiento vegetativo de especies claves.
- Plantas de ramoneo recuperan su vigor y pierden su apariencia de moldura, debido al ramoneo intensivo.
- Tallos florales de las especies perennes remanentes producen semillas fértiles.

- Surcos, cárcavas y pequeños deslizamientos de suelo se estabilizan y se cubren de vegetación invasora.
- Cauces de cursos de agua intermitente muestran evidencia de estabilización, cicatrización de heridas terrestres, de ensanchamiento y corte de cárcavas y esteros, por la invasión de especies pratenses perennes.

La **Figura 5-4** representa las etapas características del deterioro de la pradera por el alejamiento retrogresivo si sus etapas se analizan en sentido descendente desde *a* hasta *d*. La dirección inversa representa acercamiento progresivo. En ella, *a* corresponde a la etapa clímax u óptima, donde solo aparecen especies decrecientes y crecientes, abundancia de mantillo y protección de suelo. *b*, corresponde a condición buena, donde las especies decrecientes han reducido considerablemente su cobertura y las crecientes han aumentado. El mantillo cubre un porcentaje menor de superficie edáfica y la infiltración disminuye; *c*, indica condición regular. Aparecen plantas invasoras de regular desarrollo y las especies decrecientes muestran un mínimo tamaño, de acuerdo a la capacidad plástica de ellas. La protección del suelo no es suficiente, el mantillo es escaso y los síntomas de erosión laminar y eólica son evidentes. *d*, indica condición pobre. Solo permanecen plantas invasoras, el suelo se encuentra descubierto en un porcentaje muy elevado y los síntomas de erosión y cárcavas incipientes son frecuentes. Existe abundante pavimento de erosión y escasa producción de tejido vegetal útil.

La velocidad potencial de recuperación de los campos depende, en parte considerable, de la capacidad de ellos de producir nuevas plantas. Los fenómenos consecutivos que deben ocurrir son:

1. que las plantas no están agotadas por el pacimiento continuo o excesivo, es decir, que les sea posible florecer o fructificar normalmente,
2. que las condiciones del año y del ambiente permitan esa floración y producción de semillas fértiles,
3. que las condiciones del invierno y primavera subsiguientes hagan posible la germinación, y
4. que las nuevas plántulas no mueran a consecuencia de la sequía estival o sean comidas por ovejas o roedores.

Es una serie compleja de requisitos indispensables y, fracasando uno de ellos fracasa el establecimiento de nuevas plantas. Por esta razón, en general, no es aconsejable dejar un potrero rezagado por un año. Sin embargo, es mucho más eficiente ajustar la presión de pastoreo de la pradera, de modo de permitir a las plantas florecer y fructificar.

Figura 5-4. Etapas características del deterioro de la pradera por alejamiento retrogresivo: a. clímax (condición excelente); b. condición buena; c. condición regular; y d. condición pobre (según *Range Division*, 1942)

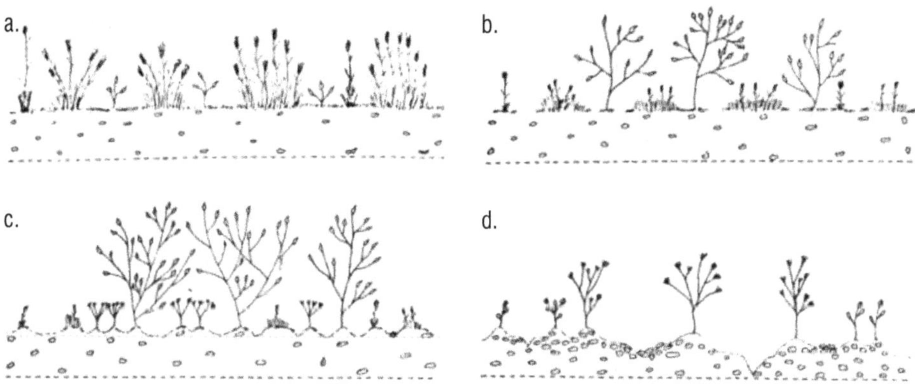

Los indicadores más sobresalientes de praderas en condición mala, en el Distrito fueguino patagónico son: las matas de coirón blanco (*Festuca pallescens*), en pedestal, a consecuencia de la erosión eólica o hídrica que ha arrastrado la cubierta del suelo en los espacios interplantas; la presencia de matas de *Bromus macranthus*, *Hordeum comosum* y de elimo patagónico (*Elymus patagonicus*) solo, en el interior de otras como *Festuca pallescens*; gran proporción de suelo desnudo; cárcavas de erosión; invasión de malezas, tales como el vinagrillo (*Rumex acetosella*), *Acaert integerrima*, sanguinaria (*Polygonum brasiliense*) y otros, son muestras de la degradación del pastizal.

En muchos lugares del distrito subandino la erosión eólica e hídrica han arrastrado los horizontes superficiales del suelo, ocasionando problemas de cama de semilla inadecuada. El suelo al secarse produce resquebrajaduras, lo que ocasiona un problema para la germinación y emergencia de semilla. Las semillas de las especies deseables germinan durante el invierno, pero las heladas comunes de la zona, levantan el suelo y descalzan las plántulas que se marchitan y mueren si la primavera es seca y ventosa, evento que ocurre frecuentemente. No ocurre lo mismo en las plántulas de dos de las malezas más comunes, *Rumex acetocella* y Rueda chica (*Microsteris gracilis*), las que a pesar de ser desarraigadas parcialmente continúan viviendo. Con esto, dado el deterioro de la pradera, no basta con rezagar por un año para producir un avance progresivo de las sucesiones vegetales y ocasionar así un mejoramiento de la pradera. Por tanto, no pueden esperarse resultados espectaculares en un período tan corto de tiempo, por cuanto el deterioro edáfico significa períodos de recuperación mucho más largos.

La medida de manejo de la pradera que puede producir un mayor impacto de la recuperación de la condición y detener así el proceso de desertificación es el ajuste de la carga animal a la capacidad sustentadora de la pradera, de acuerdo a su condición calculada en forma tal, que produzca una tendencia a mejorar. La carga animal debe permitir no solo un normal crecimiento de *Festuca pallescens*, sino que también de *Bromus macranthus*, *Hordeum comosum* y *Elymus patagonicus*. Además de la utilización de la pradera con la carga adecuada, el pastoreo diferido puede contribuir a una recuperación más rápida de ella.

En el Distrito fueguino los indicadores más sobresalientes del uso in-controlado de la pradera y del efecto de varios años de sequía, pueden ser agrupados en varias categorías. La escasez de las mejores especies forrajeras, tales como *Bromus coloratus*, *Bromus macranthus*, *Elymus antarticus*, *Agropyron magellannicum*, *Poa pratensis* y *Phleum commutatum*, las cuales se hallan menos favorecidas que las especies intermedias y menos deseables, son indicadores de uso incontrolado de la pradera. Algunas especies menos deseables e intermedias son, a menudo, utilizadas moderada o intensamente, tales como los coirones, *Festuca gracilimae*, o *Festuca pallescens*, este último menos palatable, los cuales a pesar de su baja palatabilidad son a veces consumidos hasta la base de la planta.

La escasez o ausencia de plántulas y plantas jóvenes de especies crecien-tes y decrecientes es otro síntoma manifiesto del estado de deterioro en que se encuentran muchas de las praderas patagónicas. Junto a esto, se suma la inva-sión de malezas de diversas especies, tales como *Taraxacum officinale*, *Capsella bursapastoris* y varias especies del género *Polygonum*. Estas especies, a pesar de su mayor aptitud para desarrollar poblaciones bajo condiciones de deterioro de la pradera, son indicadores de etapas sucesionales inferiores, representan una menor productividad de forraje útil y son, además, menos eficientes en la defensa del suelo, contra la acción de agentes erosivos. Además, se considera como síntoma de deterioro el aumento excesivo de algunas especies crecientes nativas de muy baja palatabilidad, tales como algunos representantes de los géneros *Azorella*, *Acaena*, *Colobanthus* y *Armeria*, los cuales se desarrollan, en general, bajo altas presiones de pastoreo.

La existencia obvia de senderos de ovinos y bovinos en los faldeos y de excavaciones en forma de lúnula son también síntomas de deterioro de la pradera. Al igual que cárcavas activas de erosión originada por la acción combinada de pastoreo y pisoteo que canalizan posteriormente el agua, causando el acarreo de suelo. Finalmente, la voladura total o parcial del suelo que indica el último grado de deterioro de la pradera. La frecuencia con que estos síntomas se manifiestan señala el grado de deterioro de la pradera, pues son los indicadores de la condición de la pradera. Condición mala o regular expresa generalmente que la intensidad de utilización o que la forma, tamaño, especie animal o época de utilización no han sido correctas.

En el proceso de deterioro de las praderas del Distrito fueguino, algunas especies de vida silvestre han tenido importancia especial. Entre ellos cabe mencionar a dos: *Spalacopus cyanus* (cururos) y *Chloephaga picta* (caiquenes). Los cururos causan daño debido a su hábito subterráneo y actividad destructoras de las estructuras radiculares de los organismos vegetales pratenses. Normalmente, estos se desarrollan posterior a un cultivo o post aradura. Por su parte, las enormes bandadas de caiquenes se reúnen en las vegas, debido a su hábito herbívoro, consumiendo enormes cantidades de alimento producido por los pastos tiernos. Además, los excrementos producidos por estas aves producen deterioro de la pradera, aunque los rumiantes lo consumen y usan debido a la presencia de nitrógeno no proteico, que estos animales utilizan en el rumen (Soriano, 1956).

Aplicación del concepto de Condición a Praderas Mediterráneas de Teröfitas

La vegetación pratense de Norteamérica ha sido clasificada por Hanson (1957) en ocho categorías principales, una de las cuales corresponde a la Pradera del Pacífico, la cual existió hipotéticamente en la Región central de California y es muy similar, también, a la que habría existido en Chile Central. Las alteraciones antropogénicas ejercidas sobre el ambiente y comunidad natural de gramíneas perennes que previamente existían en el lugar y constituían un clímax, son las responsables del reemplazo por un disclímax de matorral y de especies anuales mediterráneas.

La mejor pradera anual mediterránea está muy lejos del clímax. La pradera de gramíneas que originalmente cubría gran parte de la región mediterránea de California, ha sido reemplazada por especies anuales nativas y naturalizadas, las que actualmente se mantienen en estado de subclímax (Clements, 1934). Estas praderas, debido a la modificación antropogénica de los factores ambientales, fueron reemplazadas por especies anuales latifoliadas y angustifoliadas pertenecientes a varias familias. La mayor parte de ellas son provenientes de la región circundante al mar Mediterráneo.

Las especies terófitas que se desarrollan en la región mediterránea están adaptadas de alguna forma en esa clase de clima, especialmente en lo que se refiere a la época de germinación que coincide con la iniciación de la estación de lluvias en el otoño y período de crecimiento que se prolonga hasta la iniciación de la sequía invernal y estival. Las gramíneas y hierbas perennes reaccionan en forma similar y escapan de la sequía en forma latente o de semilla. Los estratos arbóreos y arbustivos están constituidos principalmente por árboles y arbustos esclerófilos que se caracterizan por tener hojas fuertemente cutinizadas, siempre verdes u ocasionalmente son de hoja caduca durante el período seco de verano (Bisuell, 1956).

El cambio de las especies perennes a anuales es de naturaleza no reversible, materializándose, en esta forma, un subclímax de especies anuales. De acuerdo a las ideas de Dyksterhuis (1949) la pradera anual mediterránea no debe ser clasificada en condición excelente, buena, regular o pobre, pero puede hablarse de pradera de plantas anuales en estado excelente, buena, regular o pobre, ya que condición debe usarse solamente cuando se compara la composición botánica real de la pradera con aquella característica de la etapa clímax.

Refiriéndose a la pradera Mediterránea Anual de California, Heady (1956) afirmó que las sucesiones vegetales ocurren también en la pradera anual y, por lo tanto, los cambios que se producen en la composición florística pueden, lógicamente, ser usados para mejorar la condición y ser la base para evaluar la condición de la pradera. De acuerdo a su interpretación, los términos decrecientes, creciente e invasoras no pueden ser usados aquí, por cuanto la totalidad de la flora es invasora y tienden a permanecer en ese estado. En lugar de esos términos, se sugiere usar las denominaciones grupo superior, para las decrecientes; grupo intermedio, para las crecientes, y grupo inferior para las invasoras. Además de los cambios sucesionales que ocurren en la pradera, simultáneamente se producen modificaciones en la composición botánica, a través de la estación de crecimiento. Existe, además, marcada variabilidad composicional debido a las variaciones anuales no direccionales del ambiente. La determinación de la condición debe hacerse tomando en consideración estas dos fuentes de variabilidad.

La vegetación Mediterránea de Chile Central presenta ciertas similitudes con la de California y la de la región circundante al mar Mediterráneo. A pesar de la diversidad de ciertas características fisionómicas y ambientales son muy similares en su potencial agroecológico y en la inestabilidad de sus ecosistemas modificables (Naveh, 1960). En la pradera anual de California las especies más características de cada grupo, según Heady (1956), son las siguientes:

- **Grupo superior** (decrecientes):
  - *Bromus mollis*
  - *Bromus rigidus* Roth
  - *Avena fatua*
  - *Lolium multiflorum* L. (anual)
  - *Erodium cicutarium*
- **Grupo intermedio** (crecientes)
  - *Vulpia* spp (3 especies: *V. dertonensis, V. myuros, V. bromoides*)
  - *Medicago hispida*
  - *Bromus rubens*
  - *Erodium botrys*
  - *Gastridium ventricosum*
- **Grupo inferior** (invasores)
  - *Deschampsie denthonioides*
  - *Briza minor*
  - *Poa* spp. (anuales: *Poa annua* L)
  - *Hordeum murimum* L.
  - *Trifolium* spp. (anuales: *Trifolium glomeratum* L.)
  - *Lupinus* spp (anuales: *Lupinus microcarpus* Sims)
  - *Hemizonia* spp.

Las **Figuras 5-5 a 5-8** presentan gráficamente las características externas de la pradera de terófitas en cuatro clases de condición. La condición pratense excelente se caracteriza por presentar pastos altos entre los que predominan *Trisetobromus hirtus* y *Bromus mollis*. Acompañadas de subdominantes, tales como: *Erodium botrys, Medicago hispida, Lolium* spp: (*Lolium multiflorum* L.), *Avena fatua*. Existe, además, abundante cantidad de mantillo producido por las especies dominantes y subdominantes del grupo superior. El mantillo acumulado sobre la superficie aumenta la infiltración hídrica. La producción de forraje está en su máximo y la erosión está controlada.

Las praderas en condición buena presentan pastos de menor período de desarrollo, los cuales han remplazado parcialmente a las gramíneas y aumentado su porcentaje de cubierta en relación a la condición excelente. Especies tales como *Erodium botrys* Bertol, *Vulpia bromoides, Koeleria phleoides* y *Medicago hispida* son abundantes.

Figura 5-5. Se presenta el aspecto de una pastura en Condición Excelente (Fuente: Cosio, F.)

Figura 5-6. Se presenta el aspecto de una pastura en Condición Buena (Fuente: Cosio, F.)

Figura 5-7. Se presenta el aspecto de una pastura en Condición Pobre (Fuente: Cosio, F.)

Figura 5-8. Se presenta el aspecto de una pastura en Condición muy Pobre (Fuente: Cosio, F.)

Las gramíneas altas (*Danthonia californica* Bolander, *Hordeum chilense* Roem y Schult), dominantes de la condición excelente casi han desaparecido y se encuentran al mínimo de su potencial plástico en praderas en condición regular. Hay mayor proporción de suelo desnudo y mayor encostramiento y escurrimiento superficial. La precipitación se pierde en lugar de ser almacenada a través de cosecha de agua en curva de nivel, para el crecimiento de la vegetación. Buenas prácticas de manejo y utilización pueden restaurar la condición y mejorar la tendencia. Las especies invasoras de las familias crucíferas y compuestas son conspicuas, pero no abundantes.

El principio de convergencia indica que en la naturaleza se tiende generalmente a mantener la superficie cubierta incluso en praderas en condición mala. Cuando las especies herbáceas no pueden sobrevivir debido a la utilización tan pesada a que han sido sometidas, aparece entonces una comunidad formada por especies invasoras impalatables o rechazadas por el ganado, tales como cactáceas, algunas especies anuales de inferior calidad, tales como *Koeleria phleoides*, *Vulpia dertonensis*, las cuales se encuentran reducidas a su mínima expresión de plasticidad. *Pectoricaria lateriflora*, *Crassula closiana* y otras son también abundantes.

La producción de semillas de las especies componentes de la pradera mediterránea es frecuentemente alta, fluctuando corrientemente entre 80 y 400 semillas por 0,25 m². Uno de los principios de manejo adecuado de la pradera reside en la utilización intensiva de ella, pastoreando con ganado antes que ocurra la producción de semillas de las especies anuales del grupo inferior. Esta medida, junto con el manejo diferido de la pradera en época tardía posterior permite que las mejores especies produzcan abundante semilla y, por lo tanto, que la condición de la pradera mejore (Heady, 1956).

Las opiniones respecto a la fluctuación del pastoreo en la pradera mediterránea son muy diversas. A menudo se sostiene que la situación no satisfactoria de la pradera proviene de su anterior utilización, mientras que otros sostienen que el hombre primitivo mantenía la pradera por quemas periódicas ocasionales voluntariamente. Debido a la eliminación del fuego como elemento modificador de la pradera se ha producido una invasión de microfanerófitas y nanofanerófitas no forrajeras, pese a ser ramoneadas ocasionalmente por el ganado, las que, sin embargo, finalmente han ocasionado un deterioro de la condición de la pradera, por alejamiento progresivo (Woofolk y Reppert, 1963).

La evaluación de la condición de praderas mediterráneas anuales requiere, en primer lugar, la determinación de la etapa seral en la cual se encuentra la comunidad vegetal. Esto cobra realce por cuanto las etapas de fanerófitas son, a menudo, prominentes y se mantienen por períodos largos de tiempo. La presencia de una estrata arbustiva ocasiona, frecuentemente, reducciones considerables en la producción de la pradera al reemplazar los cauces de circulación de la energía y agua, y modifica los ciclos biogeoquímicos. Covarrubias *et al.* (1963) y Olivares y Gastó (1970), han presentado un modelo de sucesiones en la región mediterránea árida y central de Chile, en la cual concluyen que la etapa de terófitas es previa a las de matorrales y de bosque esclerófitos (**Figura 5-9**).

Figura 5-9. Probables relaciones dinámicas entre las actuales facias vegetacionales de la provincia de Coquimbo (según Covarrubias *et al.*, 1964)

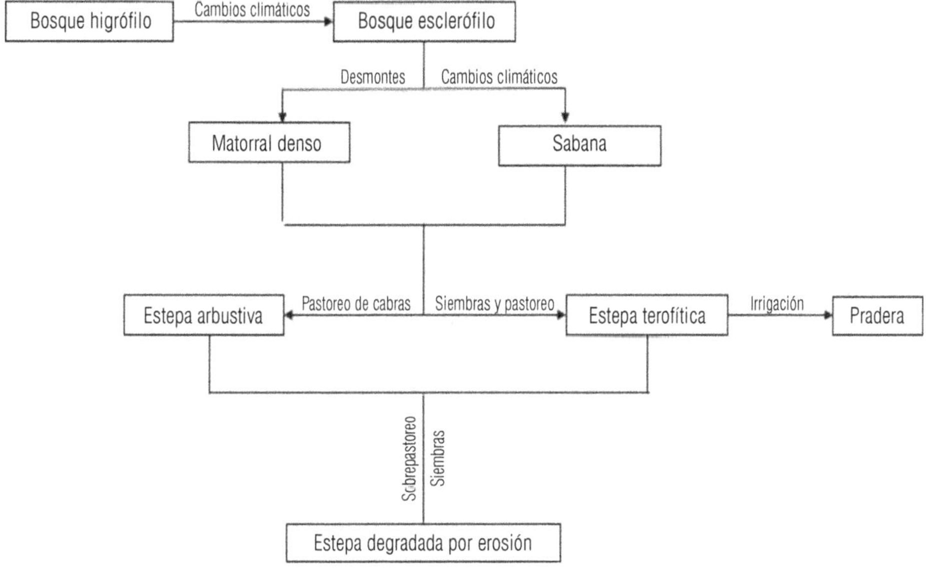

Del modelo presentado en la **Figura 5-10** para la región mediterránea central de Chile, se desprende que puede llegarse a la pradera de terófitas, siguiendo dos conductos diferentes, uno de ellos a través de subseres, en los cuales, la vegetación original ha sido previamente destruida y el suelo cultivado y sembrado. El otro conducto es a través de retrogradación de priseres avanzadas que previamente han logrado desarrollar estratas arbustivas arbóreas. La ulterior degradación de la pradera de terófitas significa destrucción de la vegetación y del sustrato.

Figura 5-10. Probables relaciones dinámicas entre las actuales facias vegetacionales de la zona mediterránea Central (según Olivares y Gastó, 1970)

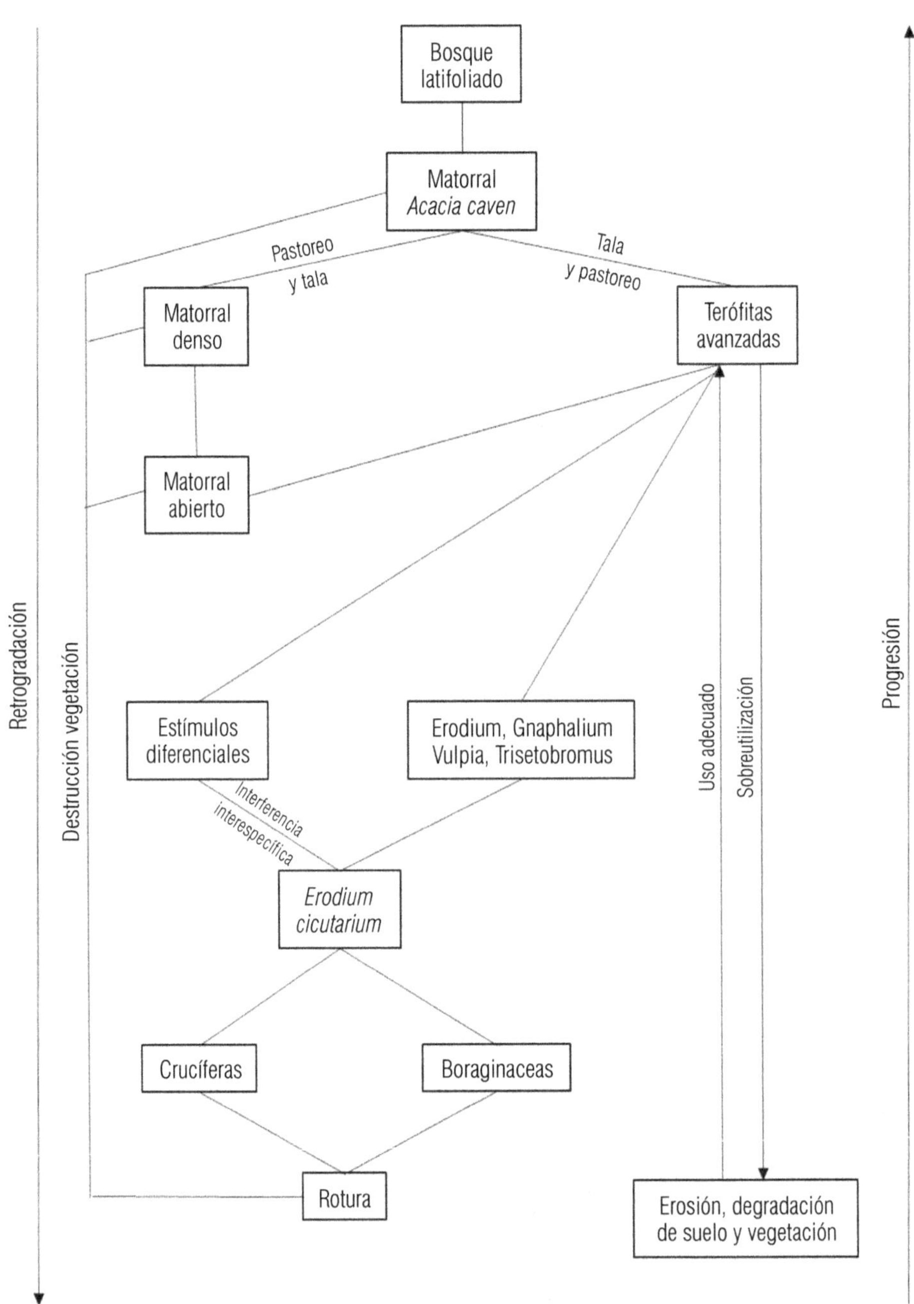

El manejo y utilización de la pradera de terófitas será limitado sucesionalmente entre márgenes muy estrechos. Retrogradación significa destrucción de ella y reemplazo por la erosión, pérdida de los nutrientes del suelo, de la materia orgánica y alteración de las características abióticas más deseables. Progresión significa transformación en una comunidad más compleja dominada por una estrata de fanerófitas, la cual, en todo caso significa reducción de la capacidad pecuaria de producción (Figura 5-11).

Figura 5-11. Invasión de renoval de *Proustia cuneifolia* y *Acacia caven* en una pradera en condición pobre deteriorada y, además, fuertemente invadida por *Octodon degus* (degú), en el sector interior de la Zona mediterránea Central, Maipú, Chile (Fuente: Google)

Las sucesiones que ocurren en la estrata herbácea, tanto en comunidades de matorral monoestratificadas como en pluriestratificadas no han sido intensamente estudiadas para la región mediterránea de Chile. En el estudio de Olivares y Gastó (1970) se logró construir un diagrama de sucesión terofítica para la región metropolitana central, en el sector correspondiente a la depresión central. El estudio demuestra la gran variabilidad del cauce sucesional bajo diversas modificaciones pecuarias y antropogénicas que conducen, finalmente, a disclímax terofíticos de muy diversa índole.

Las primeras etapas de la subsere son de poca variabilidad y se caracterizan, a menudo, por responder a estímulos edáficos aún no bien determinados. Dos comunidades monófitas son las más sobresalientes: una dominada por una boraginaceae, *Amsinckia hispida* y otra por una crucífera, *Raphanus sativus*. La dominancia de estas especies perdura solo por dos o tres años, para luego dar paso a otras dominadas por una geraniáceae: *Erodium cicutarium* y algunas gramíneas entre las que predominan *Vulpia dertonensis* y *Koeleria phleoides*. Esta etapa intermedia ocurre 4 o 5 años después de la aradura y hasta ese momento no ha ocurrido mucha diferenciación antropogénica de la comunidad.

Con posterioridad a estas intermedias, 10 a 25 años después de la aradura, aparecen comunidades que se manifiestan como disclímax diferentes, de acuerdo a la magnitud y naturaleza de la influencia antropogénica y pecuaria. Se tiene, así, que en los sectores sometidos a un pastoreo liviano se conduce hacia una pradera de gramíneas altas entre las que predominan *Trisetobromus hirtus*, como dominante y *Erodium cicutarium* como subdominante. Con pastoreo moderado las especies dominantes son: *Vulpia dertonensis* y *Erodium cicutarium*. En pastoreo intenso, unido ocasionalmente a la influencia del degú (*Octogon degus*) conduce finalmente a la pradera ampliamente dominada por *Geraniaceae* (Figura 5-12).

La adición de nitrógeno al suelo, más la aplicación de un pastoreo moderado estimula la dominancia de *Trisetobromus hirtus* y *Hordeum murinum*, el cual a su vez, provee de una alta productividad. Entre las especies características de las etapas iniciales figura predominantemente *Amsimckia hispida*, aun cuando comúnmente solo se presenta de regular a escaso desarrollo. La adición de fósforo conduce, finalmente, a un disclímax dominado por *Erodium cicutarium*, *Koeleria phleoides* y *Pectocaria lateriflora*, de mucho menor densidad y productividad.

Las especies herbáceas anuales se comportan diferentemente de las perennes. La aplicación de fertilizantes nitrogenados y fosfatados a una pradera mixta de *Bromus mollis* y *Phalaris tuberosa* o *P. acquatica* estimula el desarrollo de la especie anual con respecto a la perenne. Sin embargo, a medida que aumenta la dosis de fertilización nitrogenada el efecto sobre *Bromus mollis* se estabiliza, en cambio, la perenne utiliza cada vez mayor cantidad de nitrógeno al mismo tiempo que incrementa su tasa de crecimiento (Martin *et al.*, 1964). Esto trae como consecuencia sucesiones vegetales que siguen diferentes y que, finalmente, se estabiliza en otro disclímax.

Figura 5-12. Esquema de las variaciones del índice relativo de importancia de las especies anuales estudiadas, de acuerdo a la antigüedad de la subsere (Olivares y Gastó, 1970)

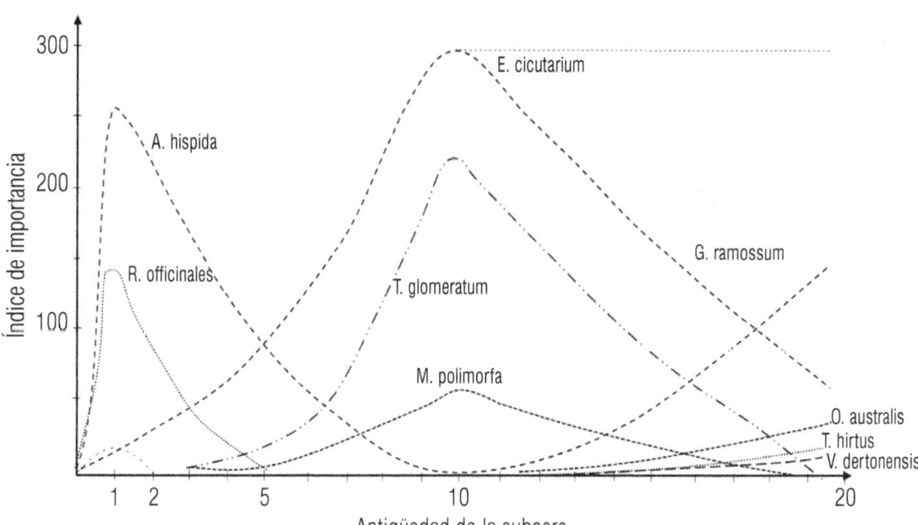

Existe, también, la posibilidad de mantener un disclímax microfisiográfico que presenta ondulaciones artificiales en la superficie del sustrato, similares a las que resultan al construir surcos en el suelo. Bajo estas condiciones la comunidad terofítica está dominada por *Erodium cicutarium* y por *Medicago hispida* o *M. polimorfa*, esta última ocupando la parte inferior del microrrelieve.

Horton *et al.* (1957), encontraron que después del pastoreo, *Bromus mollis* continúa alargando los culmos y espigando por un período más largo de tiempo que *Festuca megalura*. Esto significa que el pastoreo temprano puede ser continuado hasta la época de terminación de la festuca y, en esta forma, deprimir esta especie aun cuando esto significa una utilización demasiado temprana de *Bromus*, lo cual permite un encañado tardío y espigadura abundante de esta especie.

De lo expuesto anteriormente se desprende la necesidad de evaluar la condición de la pradera en relación a algún disclímax específico, ya que en la pradera anual de Chile no puede pensarse en un manejo tendiente a algún tipo de mono o policlímax, sino que en un disclímax antropogénico o pecuario de alta productividad.

Aplicación del concepto de Pradera Mejorada

El concepto de condición en su acepción tradicional ha sido usado, solamente, en la evaluación de praderas naturales. Sin embargo, por tener una base ecológica sus implicaciones pueden ser mucho más amplias. El concepto pratense de condición asume como premisa fundamental que el estado más productivo y en el que se conserva mejor el suelo, es el clímax. Las especies clímax son, según esta premisa, las que hacen mejor uso de los recursos ambientales materiales y de la energía solar. Las especies pratenses naturales pueden alcanzar el clímax y mantenerse, indefinidamente, en estado de equilibrio, mientras se mantengan en forma inalterada las condiciones abióticas y los organismos heterótrofos.

Se ha visto, sin embargo, que el clímax no siempre es la etapa sucesional óptima, ya que en términos de productividad de tejido útil puede significar un detrimento de la pradera. Se ha argüido en este trabajo a favor de utilizar como medida de comparación de cualquier etapa sucesional óptima, las especies características del sitio, pero en las praderas mejoradas en equilibrio se debiera utilizar algún disclímax, y en las praderas sucesionales, no en equilibrio, recurrir a aquella etapa que representa la mejor utilización de los recursos bióticos y abióticos disponibles.

Las plantas que se utilizan en la resiembra de praderas son usualmente especies exóticas al sitio, y a menudo han sufrido, también, alteraciones genéticas inducidas durante el curso de su domesticación. Por lo tanto, no pueden ser consideradas como especies clímax. Sin embargo, a menudo son utilizadas como componentes principales, dominantes o subdominantes de etapas sucesionales óptimas, desde un punto de vista pratense, ya sea en praderas disclímax o simplemente sucesionales.

Las plantas forrajeras o pasturas de resiembra no reaccionan como plantas clímax. Si se las mantiene en condiciones inalterables se producen modificaciones autógenas las que, finalmente, conducen a situaciones sinecológicas características de etapas avanzadas. Las especies introducidas disminuyen gradualmente su importancia en la composición botánica a medida que el valor relativo de importancia (VRI) de las especies clímax del lugar comienza a aumentar.

Es posible, sin embargo, mantener indefinidamente una pradera disclímax resembrada si las condiciones de manejo son adecuadas. Esto se logra manipulando los factores ambientales controlables, principalmente intensidad de pastoreo, época de utilización, nivel de fertilidad del suelo, especie, raza y clase de herbívoros que utilizan la pradera. Luego, en lugar de hablar de etapa clímax es preferible utilizar el término etapa superior o etapa óptima.

Las distintas especies forrajeras que componen la pradera en la etapa superior reaccionan diferentemente al pastoreo. Algunas especies reducen su porcentaje de composición botánica a medida que la pradera se degrada. Estas son las decrecientes. Otras aumentan en porcentaje por un período corto y luego comienzan a disminuir. Estas son las crecientes. El tercer grupo de especies está constituido por todas aquellas que no son típicas de la etapa superior, estas son las invasoras. Sin embargo, en sentido estricto no debe usarse los términos crecientes, decrecientes o invasoras, pues solo indica relación con el clímax. En este sentido el término bajo, por las razones indicadas anteriormente, es la clasificación de las especies en grupos que se hace en relación a la etapa superior, y por lo tanto, el significado de ellas en un sentido ecológico puro corresponde a la importancia que desempeñan en las diversas etapas sucesionales, en comparación con la superior.

Es posible, también, utilizar en lugar de los calificativos recientemente indicados, la clasificación de Klapp (1954). El autor agrupó a las especies pratenses en tres grupos: muy agresivas, razonablemente agresivas y no agresivas. Los primeros dos grupos son equivalentes a las crecientes, por cuanto, a medida que se produce deterioro de la pradera, el VRI de estas especies aumenta. Las no agresivas son equivalente a las decrecientes, pues a medida que la condición se deteriora disminuye su VRI. Las especies residentes en el sitio o todas aquellas especies exóticas no resembradas directamente corresponden a las invasoras o retornantes. Este grupo de especies puede estar compuesto de deseables, intermedias o menos deseables, según se trata de especies forrajeras locales o de malezas o voluntarias.

En praderas culti-sucesionales monófitas donde la densidad poblacional (en sentido ecológico) permanece constante durante todo el período de vida de la pradera por un mecanismo antropogénico ajeno al ecosistema propiamente tal, no puede utilizarse el concepto de condición en la forma descrita anteriormente. Condición, solo puede utilizarse en aquellos casos donde existe sucesiones, es decir, que la tasa de crecimiento de la población varía por modificaciones intrínsecas de la tasa de natalidad y mortalidad. En algunos casos, sin embargo, a pesar de que la densidad de la especie dominante no varía, la densidad de las subdominantes e invasoras varía en forma natural y puede, por lo tanto, ser también un indicador de la condición de la pradera.

Las modificaciones fisiológicas internas que se producen en los individuos que componen la pradera monofítica, a la cual se ha hecho referencia, son de mayor poder indicativo que las variaciones sinecológicas. La velocidad de crecimiento de los individuos, el ancho y largo de las hojas, el largo de los tallos, la profundidad de las raíces, el color de las hojas y el vigor, varían a medida que se modifica la condición de la pradera. Sin embargo, no existe deterioro sinecológico mensurable de la comunidad monofítica hacia otras comunidades monofíticas o polifíticas inferiores, debido a que la densidad de la especie dominante y de los organismos invasores se controla antropogénicamente (por herbicidas, cultivadora, etc.). Además, como se trata de sucesiones vegetales interrumpidas, donde solo las etapas prístinas pueden desarrollarse, no es posible esperar sucesiones vegetales naturales que induzcan cambios en la composición botánica.

Bajo circunstancias tales como las descritas, ocurre otra clase de cambios y estas son modificaciones fisiológicas que, utilizando la plasticidad genética de la especie, inducen modificaciones fenológicas mensurables de los individuos componentes de la pradera. Estos cambios afectan solamente al individuo y lo sitúan en condiciones óptimas o subóptimas para su desarrollo. Sin embargo, la reproducción y mortalidad de la población no es afectada o, al menos, la comunidad es destruida antes que sus tasas alcancen a manifestarse.

En praderas monofíticas la densidad poblacional es controlada, a través de la dosis de siembra, preparación de suelo, raleos y otros, en forma tal de mantener el número deseado de individuos por unidad de superficie.

En praderas polifíticas de mayor duración, donde se analizan los cambios sucesionales, el proceso es esencialmente de similar naturaleza. La densidad poblacional interpretada a través de la disponibilidad de los diversos factores ambientales, afecta el funcionamiento fisiológico de los individuos que componen la pradera. La disponibilidad por individuos está controlada por la densidad de individuos de la misma y de otras especies, vale decir, interferencia inter e intraespecífica. Esto es lo que se determina en un momento, dado la tasa de crecimiento de la población (r), para cada especie. Proyectando en el espacio y en el tiempo, r es el responsable de las modificaciones en la composición botánica a medida que se altera la condición.

El concepto de condición se puede aplicar a praderas sucesionales mejoradas siempre que, bajo esta acepción, se emplee otra medida de comparación, en lugar de la etapa clímax o disclímax que se encuentra en equilibrio con el grado de desarrollo ecotópico y presión ambiental de la zoocenosis. Por lo tanto, la definición de condición en praderas sucesionales es la siguiente: "*es el porcentaje de plantas presentes en un momento determinado que son típicas de la etapa sucesional que deberá existir en función del tiempo transcurrido o del desarrollo sucesional de la biocenosis*".

RESUMEN

La evaluación de la producción y productividad de la pradera puede hacerse siguiendo las normas tradicionales que dicen relación con la interpretación del análisis de los componentes abióticos del ecosistema pratense o bien por mediciones reales de los elementos bióticos. Todos estos procedimientos, además de ser difíciles y de tomar lapsos de tiempo muy largos, son, a menudo, indirectos y no proporcionan valores del potencial productivo del ecosistema.

La estructura sinecológica pratense es una consecuencia de los cambios progresivos o retrogresivos que se producen en el sistema ecológico o modificaciones bióticas y antropogénicas muy características. Ello ocasiona cambios en la composición botánica, que son la consecuencia final del manejo y utilización de la pradera. El estado de salud ecológica de la pradera o condición se evalúa a través de la condición o composición botánica de ella.

La determinación de la condición de la pradera es relativamente sencilla y rápida y los antecedentes que se disponen actualmente permiten determinar para diversas praderas del país la carga animal recomendable mediante la aplicación de cálculos sencillos. En el estudio, se analizan las posibilidades y factibilidad de aplicar este sistema de evaluación de praderas.

Las etapas características que deben seguirse en la evaluación de praderas con el fin específico de planificar su utilización, son las siguientes:
1. Determinación de las regiones naturales
2. Determinación de los sitios característicos dentro de cada país y región natural
3. Clasificación ecológica de las praderas
4. Determinar condición o número índice del stand

5. Ajustar condición o número índice del stand a la precipitación media y anual del lugar
6. Calcular la capacidad sustentadora de la pradera por sitio y condición
7. Calcular la carga animal y época de utilización, de acuerdo a la capacidad sustentadora, condición y tendencia
8. Modificar la carga animal de acuerdo a la especie, raza y clase de ganado y el uso dual, de acuerdo a la adecuacidad de la pradera

Fuente: Gastó, 1979.

GLOSARIO

Abiótico: i abiotic. Sin vida ni derivado de seres vivos. Lo opuesto de biótico.

Acercamiento: aproximación sucesional, ya sea progresiva o retrogresiva hacia la etapa pratense óptima o de mayor productividad, la cual es, frecuentemente, la que se desea mantener.

Adecuacidad: i suitability. Proporción de forraje utilizable por una especie, raza o clase de ganado que utiliza una pradera, en relación a otros grupos animales, cuando se hace una utilización adecuada de la pradera.

Agri deserti: tierras de cultivo que han sido abandonadas por el hombre, dado su degradación antrópica

Alejamiento: distanciamiento sucesional ya sea progresivo o retrogresivo desde la etapa pratense óptima o de mayor productividad, la cual es frecuentemente la que se desea mantener.

Alógeno: i alogenic. Generado externamente. Se dice de los cambios en las comunidades generados externamente. Lo opuesto de autógeno.

Ambiente: i environment. Medio biótico y abiótico que rodea a un organismo. Conjunto de circunstancias y condiciones externas a un organismo.

Antropogénico: generado o desencadenado por la acción de los seres humanos.

Anual: i anual. Que vive un año o menos. Especies de corta vida que concluyen normalmente su ciclo vital en un lapso no mayor de un año, normalmente con producción de semilla. Terófita.

Árbol: i tree. Organismo vegetal leñoso de regular o gran tamaño, a veces de 2,5 a 3,0 m de estatura o mayores.

Arbusto: i shrub. Organismo vegetal leñoso de pequeño o regular tamaño. A menudo, de 0,5 a 2,5 m o 3,0 m de estatura. Los de menor tamaño se denominan subarbustos o mata.

Autógeno: i autogenic. Generado por sí mismo. Se dice de los cambios en las comunidades inducidas internamente. Lo opuesto de alógeno.

Autótrofo: i autotrophic. Organismo o biocenosis capaces de sintetizar su propio alimento desde fuentes inorgánicas, tales como la mayor parte de las plantas verdes y algunas bacterias.

Avance sucesional: sucesión progresiva, progresión.

Bianual: i biannual. Que vive dos años, pero solo en el segundo se produce la inflorescencia y reproducción sexuada.

Bianual: i biannual. Que vive y dura dos años.

Biocenosis: i biocoenosis. Comunidad animal y vegetal. Conjunto o grupo de organismos de una o varias especies, limitados en espacio y tiempo.

Bioma: i biome. Sistema integrado por componentes bióticos y abióticos, pero que característicamente cada uno de ellos corresponde a un modelo fisionómico o funcional típico.

Biótico: i biotic. Con vida o derivado de seres vivos.

Biotipo: i biotype. La última diferenciación morfológica de organismos vivos. En algunos casos corresponde a la especie, tal como se le conoce en taxonomía, pero a divisiones inferiores a ella, cuyos miembros son genéticamente idénticos.

Cambios destructivos: i destructive changes. Modificación sinecológica de la pradera de naturaleza tal que significa destrucción irreversible de la integridad del medio abiótico.

Cambios graduales: i gradual changes. Modificación sucesional de la pradera, pero de pequeña magnitud que no significa irreversibilidad de la alteración.

Caméfitas: i chamaephyte. Plantas leñosas postradas o arbustos muy bajos con yemas sobre el suelo, pero inferiores a 25 cm sobre la superficie.

Capacidad sustentadora: i carrying capacity. Aptitud de la pradera de soportar una cierta carga animal, sin que ella signifique deterioro de la comunidad o tendencia a degradar.

Carga animal: i stocking rate. Densidad animal media que utiliza un bioma durante periodos de doce meses. No indica ni implícita o explícitamente si se trata de sobre o subutilización. Frecuentemente se expresa en términos de unidades animal por hectárea y por año, UAA por ha.

Clausura: i exclosure. Exclusión. Ecosistema sin utilización.

Climatopo: i climatope. Conjunto de elementos climáticos que caracterizan un ambiente.

Clímax: i climax. Equilibrio natural del ecosistema que se alcanza al término de la sucesión ecológica.

Clino: i cline. Gradiente de biotipos concordante con su gradiente ambiental.

Coeficiente de intensidad de utilización: f coefficient d' utilisation d'intensité. Relación que existe entre la producción actual, expresado en UGB/ha en un momento determinado y su capacidad potencial. *Ie.*

Comensalismo: i comensalism. Categoría de consortismo en el cual un organismo se beneficia y el otro reacciona en forma neutra frente al primero, es decir, no se beneficia ni perjudica.

Competencia: i competition. Demanda de factores ambientales en cantidades superiores a las disponibilidades, por dos o más organismos, limitados en espacio y tiempo.

Composición botánica: i botanical composition. Proporción en que se encuentran representadas las diferentes especies en una comunidad vegetal. Puede expresarse en base a peso seco, peso verde o cubierta de suelo.

Comunidad: i community. Grupo de organismos de una o varias especies limitados en espacio y tiempo. Unidad sociológica de cualquier grado de extensión y complejidad desde sinusia más simple hasta la fitocenosis más compleja.

Condición: i condition. Productividad potencial de forraje utilizable de la pradera en un momento determinado, en relación a la productividad potencial del sitio.

Conservación: i conservation. Mantener, cuidar o manejar el bioma pratense en forma tal que no exista destrucción o deterioro del componente biótico y abiótico del ecosistema. Requiere como condición imprescindible utilización pratense, pues de lo contrario se trata de preservación.

Convergencia: i convergence. Principio que establece que cualesquiera que sean los conductos seguidos por las sucesiones vegetales, finalmente, se llega siempre al mismo clímax.

Contribución específica: f contribution especifique o CS. Es la proporción entre la frecuencia específica de una especie y la suma de todas las especies multiplicados en 100 puntos, y expresado en porcentaje. Es la frecuencia relativa determinada por el método de Daget et Poissonet (1969). CE.

Copa vegetal: i canopy. Ramas y hojas de árboles, arbustos y otras plantas.

Cubierta: i cover. Área o proporción de la superficie total que se encuentra bajo la proyección vertical de la copa o corona de alguna estrata o especie vegetal.

Cultisucesional: sucesiones vegetales secundarias que se inician luego de la alteración del ecosistema con implementos mecánicos o cultivos.

Degradación: i degradation. Deterioro gradual de una biocenosis hacia etapas sucesionales inferiores, sin que ocurra destrucción de los componentes bióticos y abióticos del ecosistema.

Densidad: i density. Número de individuos o parte de ellos por unidad de superficie. En manejo de praderas se confunde a menudo con cubierta.

Densidad animal: i stocking density. Número de animales o de unidades animal que utiliza el bioma en un momento determinado en relación al área. No significa necesariamente ni buen, ni mal manejo proveniente de una carga animal adecuada o no.

Densidad relativa: i relative density. De_R. Proporción porcentual de la densidad de una especie en un stand, en relación a la densidad de todas las especies consideradas en conjunto. Corresponde a la densidad de la especie dividido por la suma de las densidades de todas las especies y multiplicado por 100.

Destructivo: i destructive. Deterioro brusco de un sistema ecológico ocasionándole alteración rápida de los componentes bióticos y abióticos por pisoteo intenso, entre otros.

Deterioro: alejamiento progresivo y alejamiento retrogresivo del ecosistema.

Detrito: i detritus. Restos que quedan de la desintegración y deterioro de vegetales y animales. Detritus.

Detritófago: i detritophagous. Que se alimenta de detritos.

Dicéminula: Semilla pratense.

Diagnóstico: i diagnosis. Interpretación del funcionamiento o estructura subóptima o anormal de un ecosistema, indicando las causas de ello y los elementos alterados.

Diferido: i deferred, deferred grazing. Dilatar, postergar o suspender la utilización de la pradera. Pastoreo diferido. Pastoreo rotativo.

Disclímax: i disclimax. Etapa de equilibrio sucesional no natural que se alcanza, inducido por modificaciones antropogénicas u otras.

Domesticación: i domestication. Transformación de poblaciones animales o vegetales que se desarrollan en estado salvaje o silvestre mediante procesos de selección y adaptación en especies cultivadas o domesticadas.

Dominancia: i dominance. Son los organismos predominantes en el control de la sinusia de una fitocenosis.

Dormancia: i dormancy. Proceso interno de una semilla viable o yema que inhibe su germinación, aunque existan condiciones ambientales favorables para ello.

Dual: i dual. Uso dual. Utilización simultánea de una pradera por dos o más especies, razas, clases de ganado.

Ecesis: i ecesis. Germinación de una disémula o semilla, luego de invadir una nueva comunidad hasta que se establece completamente en ella.

Ecoclino: i ecocline. Grupo de organismos anatómica y morfológicamente similares, pues corresponden al mismo biotipo. Se diferencia de ecotipo debido a que existe un cambio gradual en la reacción de los componentes de varias poblaciones dentro de un mismo biotipo. Las diversas poblaciones no pueden separarse en forma natural y cualquier división es, por lo tanto, arbitraria.

Ecosistema: i ecosystem. Unidad ecológica básica en la cual se integran estructural y funcionalmente cuatro elementos básicos, dos de los cuales son de naturaleza abiótica y constituyen el ecotopo y los otros dos son de naturaleza biótica y constituyen la biocenosis. Los primeros son el climatopo y edafotopo y los otros son la fitocenosis y la zoocenosis.

Ecotipo: i ecotype. Grupo de organismos que presentan las características anátomo-morfológicas similares, pero a las cuales se les reconoce fisiologías diferentes al crecer y desarrollarse en ambientes similares. Un mismo biotipo puede tener varios ecotipos. Se diferencian de ecolino en que los cambios son escalonados en lugar de graduales.

Ecotopo: i ecotope. Componente del ecosistema constituido por el climatopo más el edafotopo.

Edafotopo: i edaphotope. Conjunto de elementos edáficos, o del suelo, que caracterizan un ambiente.

Empastada: i pasture. Pastura. Cultivo forrajero.

Energía: i energy. Capacidad de hacer trabajo.

Equilibrio: i equilibrium. Estabilidad del ecosistema tanto en lo que respecta a ciclos biogeoquímicos, circulación de agua y energía, composición botánica y estructura de la vegetación, etc. Aun cuando estos elementos y factores no están estáticos, el aporte y la pérdida de ellos, o bien, la manufactura y descomposición de ellos son iguales para cada ciclo periódico de fluctuaciones ambientales. El ciclo generalmente ocurre anualmente.

Equilibrio dinámico: i dynamic equilibrium. Equilibrio. Constituye una redundancia usar el calificativo de dinámico por cuanto todo equilibrio tiene que ser dinámico.

Estoquillos: i sedges. Especies de la familia de las Ciperaceae.

Etapa óptima: etapa sucesional de ecosistema en el cual la productividad de la pradera es máxima y coincide con el potencial del sitio.

Etapa sucesional: i successional stage. Grado de desarrollo florístico y estructural de una sere.

Etapa superior: máximo desarrollo sucesional de una comunidad, el cual corresponde a menudo al clímax.

Esciófila: calificativo ecológico de plantas que requieren de sombra. Esta condición fisiológica suele manifestarse en la morfología externa de la planta.

Especie: i species. Sistémicamente corresponde a la jerarquía comprendida entre género y variedad. Genética, morfológica y anatómicamente corresponde a individuos de similar apariencia externa, pero no incluye similaridad en las reacciones ecofisiológicas.

Especies productoras: f espéces productrices. Son todas aquellas especies cuyo CE es mayor de 1%.

Especies muy productivas: f espéces trés productrices. Son todas aquellas especies cuyo CE es igual o mayor a 4 ±.

Especies no productivas: f espéces non productrices. Son todas aquellas especies cuyo CE es menor a 1%.

Estrata: i layer, union. Grupo de organismos dentro de una biocenosis que se desarrollan en un mismo nivel del hábitat general o microhábitat y que son de fisionomía y de tamaño similar. Subdivisiones de la comunidad vegetal basada en la altura de las plantas.

Exclusión: i exclosure. Lugar o sector de una biocenosis donde una o varias especies, ecotipos o biotipos se mantienen artificialmente clausurados o impedidos de ser utilizados, vivir o desarrollarse. Sinónimo de clausura.

Factor forraje: i forage factor. Producto de multiplicar el porcentaje de composición botánica por la probabilidad; ambos expresados en fracciones de uno.

Factor de uso adecuado de la pradera: i propper use factor. Proporción máxima de biomasa en pie que puede ser removida de la pradera y mantener tendencia estable.

Factores ambientales: i environment factors. Cada uno de los componentes del medio, ya sean estos bióticos o abióticos.

Factores controlables: factores ambientales que pueden ser modificados directa o indirectamente por influencias antropogénicas.

Factores de uso adecuado de una especie: i propper use factor of a species, palatability. Proporción máxima de biomasa en pie de una especie que puede ser removida por el herbívoro o corte cuando la pradera ha tenido una remoción coincidente con el factor de uso adecuado de ella. Palatabilidad.

Factores incontrolables: factores ambientales que no pueden en la práctica ser modificados directa o indirectamente por influencias antropogénicas.

Fanerófita: i Phanerophyte. Arbustos y árboles leñosos con yemas de rebrote sobre 0,25 m.

FE: f F.S. o frequence specifique. Es la frecuencia específica.

Fenología: i phenology. Estudio del desarrollo cíclico de los diversos componentes de la biocenosis en relación a cambios ambientales que se producen, a través del año.

Fisionomía: i physiognomy. Proporción en que cada especie contribuye a la comunidad vegetal. Esta definición de la estructura, de menor detalle conceptual que la florística es, en muchas ocasiones, suficiente para describir a nivel regional la heterogeneidad de la biocenosis. Así, por ejemplo, se puede hablar de fisonomía de bosque, cuando la proporción de fanerófitas supera a la de las demás formas de vida.

Fitocenosis: i phytocenosis. Comunidad vegetal. Conjunto organizado o complejo total de sinusias que simultáneamente ocupan la misma área.

Fitómetro: i phytometer. Tamaño y desarrollo de algún organismo vegetal que se utiliza como medida de comparación o medida de algún factor ambiental actuando separadamente o en conjunto.

Forma vital: i life-form. Estructura y fisionomía que un organismo asume bajo la influencia de un hábitat y nicho.

Forraje: i forage. Alimento de origen vegetal cosechado para especies animales. Materia orgánica que puede ser consumida por el ganado, que incluye tanto hojas, frutos, ramillas y ocasionalmente mantillo.

Frecuencia específica: f frequence spécifique o FS. Es el número de puntos donde una especie ha sido encontrada. Es la frecuencia absoluta determinada por el método de Daget y Poissonet (1969). F.E.

Geófita: i geophyte. Vegetales que se caracterizan por presentar las yemas de rebrote cubiertos por suelo, tales como en algunas especies bulbosas, tuberosas y rizomatosas.

Gradiente de pastoreo: i grazing gradient. Es el producto del número de susceptibilidad al pastoreo por la densidad relativa de cada especie en el stand. La suma de ellas resulta en un solo valor que representa el número índice del stand. Estos números índices tienen límites teóricos de más 1.000 a menos 1.000.

Grado de degradación: f degré of degradation, D. Es la suma de las contribuciones específicas de las especies adventicias más la proporción de suelo desnudo, expresado en porcentaje. G.D.

Grado de enmalezamiento: f. degré of salissement, S. Es el número de especies adventicias en la lista completa de especies. S.

Hábitat: i habitat. Ambiente físico de una biocenosis. Ecotopo. Biotopo. Espacio vital o ambiente donde se desarrolla un organismo que incluye tanto elementos bióticos como abióticos.

Hemicriptófita: i hemicryptophyte. Vegetal que se caracteriza por presentar las yemas de rebrote al nivel del suelo o escasamente cubiertos por él.

Herbáceo: i herbaceous. Relativo a hierbas o plantas no leñosas.

Heterógeno: i heterogenous. Generado externamente de la biocenosis.

Heterótrofo: i heterotrophic. Que se alimenta de sustancias sintetizadas o producidas por otros organismos o biocenosis.

Hidrosere: i hydriosere. Sere iniciada en un medio hídrico.

Holocenótico: i holocenotic. Acción conjunta e inseparable de los factores ambientales, cuyo efecto final y total es diferente a la suma de cada uno de ellos actuando independientemente.

Junquillos: i rushes. Especies de la familia Juncaceae.

Inclusión: i inclosure. Lugar o sector de una biocenosis donde una o varias especies ecotipos o biotipos se mantienen antropogénicamente relegados o incluidos debido a algunas barreras físicas o naturales.

Indicador: i indicator. Especie, género, familia u otro, cuya presencia o desarrollo señala alguna característica ambiental o ambiente determinado.

Índice de calidad específica: f índice de qualité spécifique. Interpretación de la calidad de una especie basada en numerosos sucesos, tales como velocidad de crecimiento, valor científico, palatabilidad, valor, acumulabilidad, digestibilidad y otros. Se ha determinado para varias especies. Su valor varía de 0 a 5.

Índice específico: índice de calidad específica.

Intensidad de uso: utilización o consumo de forraje en relación al forraje producido durante el año.

Interferencia: i interference. Influencia modificadora de un organismo o grupo de organismos sobre otros. Incluye tanto los aspectos negativos como los positivos de las interrelaciones. El término se emplea a menudo en lugar de competencia puesto que incluye también los efectos positivos, aunque el efecto total sea negativo.

Invernada: i winter range. Sistemas susceptibles de ser utilizados o que se les utiliza durante la estación invernal. Ecosistema de praderas de uso invernal.

Litara: i litter. Mantillo.

Mediterráneo: i mediterranean. Relativo al mar Mediterráneo. Rodeado de tierra. Clima de la región circundante al mar Mediterráneo que se caracteriza por presentar veranos secos o inviernos lluviosos con temperaturas que corrientemente no bajan de cero grados centígrados. Vegetación característica de los climas mediterráneos.

Mantillo: i litter. Restos de materia orgánica, principalmente vegetación no descompuesta o solo parcialmente descompuesta y separada de las plantas vivas, que permanece sobre la superficie del substrato formando una capa u horizonte.

Mata: i scrub. Plantas leñosas de baja estatura, generalmente de no más de 0,5 a 1,0 m de estatura.

Matorral: i scrubbly formation, chaparral. Vegetación densa dominada por arbustos, de entre 1 y 2 m.

Medio ambiente: i environment. Lugar, entorno donde se desarrolla un organismo con todas las influencias de los diversos factores ambientales. Ambiente.

Microfanerófita: i microphanerophyte. Fanerófita, planta leñosa, alta, con yemas de rebrote entre 2,0 a 8,0 m de altura. Típico de árboles.

Mesofanerófita: i mesophanerophyte. Leñosa alta, con yemas de rebrote entre 8 y 30 m de estatura. Típico de árboles desarrollados.

Megafanerófitos: i megaphanerophote. Árboles muy desarrollados, con yemas de rebrote mayor a 30 m.

Monoclímax: i monoclimax. Teoría de dinámica de poblaciones que afirma que una sere evoluciona sucesionalmente hasta concluir en una etapa en la cual siempre se produce un equilibrio único entre el clima y la biocenosis.

Monófita: Biocenosis formada por organismos vegetales de una sola especie.

Mutualismo: i mutualism. Efecto benéfico y simultáneo de dos organismos viviendo juntos, y en los cuales su independencia significa efecto negativo entre ambos.

Nanofanerófitas: i nanophanerophyte. Fanerófita con yemas de rebrote entre 0,25 m y 2,00 m de altura.

Nativa: i nativo. Especie originaria del lugar.

Nicho: i niche. Forma de vida o función que desempeña un organismo en un ecosistema.

NIE: i index number of species. Número índice de la especie.

NIS: i stand index number. Número índice del stand.

Número índice del stand: i stand index number. Producto que resulta de multiplicar la densidad relativa de cada especie en el stand por la susceptibilidad al pastoreo de la especie, lo que resulta en el número índice de la especie. Las sumas de los números índices de cada una de las especies constituyen el NIS.

Número de susceptibilidad al pastoreo de una especie: i grazing susceptibility number for a species. Resulta de la diferencia de densidad de la especie en los stands no pastoreados y los pastoreados divididos por la suma de las densidades en stand no pastoreados cuando el numerador es positivo o pastoreado cuando es positivo.

Pacer, pacimiento: i to graze. Cosecha y consumo directo de tejido vegetal herbáceo por herbívoros.

Palatabilidad: i palatability. Proporción de biomasa en pie de cada especie vegetal utilizada por los consumidores de una pradera cuando la pradera se encuentra utilizada adecuadamente. Sabor. Preferencia. Aceptabilidad por el ganado.

Pastizal: Biocenosis dominada por especies vegetales que fisionómicamente corresponden a pastos de varias familias o géneros. Incluye tanto a praderas como pasturas.

Pastorear: i to graze. Acción de cosechar y consumir tejido vegetal por herbívoros en una pradera más otras acciones, tales como eliminación y distribución de deyecciones, utilización selectiva de la vegetación y partes de las plantas, pisoteo, etcétera.

Pastoreo liviano: i light grazing. Utilización de la pradera con una carga animal inferior a su capacidad sustentadora (subutilización pratense). Presión de pastoreo demasiado baja.

Pastoreo moderado: i moderate grazing. Utilización de la pradera con una carga animal ajustada a la capacidad sustentadora. Utilización adecuada de la pradera. Presión adecuada de pastoreo.

Pastoreo pesado: i heavy grazing. Utilización de la pradera con una carga animal superior a su capacidad sustentadora. Presión de pastoreo demasiado alta. Sobreutilización pratense.

Pastura: i pasture. Pastizal sembrado. Cultivo forrajero.

Patagónica: relacionada con la Patagonia, región situada al extremo sur de América.

Perenne: i perennal. Vegetales que viven tres o más años, los cuales presentan órganos aéreos o subterráneos persistentes.

Pionero: i Pioneer. Organismos que migran a hábitats que corresponden a las primeras etapas sucesionales de una sere.

Pírico, ca: perteneciente o relativo al fuego.

Pivotante: se dice de las raíces madres que penetran verticalmente en la tierra o suelo formando un sistema opuesto central engrosado de raíces fasciculadas.

Plasticidad: i plasticity. Capacidad modificadora de la forma y tamaño de los individuos al desarrollarse en ambientes diferentes.

Población: i population. Grupo colectivo de organismos de la misma especie en un espacio particular.

Policlímax: i polyclimax. Teoría de dinámica de poblaciones que afirma que una sere evoluciona en un ecosistema que se encuentra en equilibrio con el ambiente. La limitante abiótica que impide un mayor desarrollo sucesional puede ser edáfica, fisiográfica, pírica, climática, etc., hablándose entonces de clímax edáfico, fisiográfico, pírico, climático. Varios clímaxes para un mismo clima.

Polífita: biocenosis formada por organismos vegetales de varias especies.

Pradera: i range, pasture, prairie. Bioma cuya sinusia principal se utiliza principalmente en animales herbívoros de consumo humano directo. Generalmente corresponde a la fisionomía de plantas herbáceas, pero ocasionalmente puede ser matorral, bosque, etc. También se producen aquellas biocenosis resembradas pero que se componen y son manejadas como nativas o residentes.

Pratense: perteneciente o relativo a la pradera. Originario de prados.

Presión de pastoreo: i grazing pressure. Es la relación entre la demanda o utilización de la pradera por el ganado y el forraje ofrecido presente o producido por la pradera. Puede ser presión liviana, pesada o moderada, ya sea que se trate de demandas inferiores, superiores o iguales a la productividad utilizable.

Priesere: i prisere. Todos aquellos seres que se inician en lugares originalmente descubiertos de vegetación. Sucesión primaria.

Prístina: i pristine. Primitivo. No evolucionado. De poco o nada de desarrollo sucesional.

Producción neta: i net production. Es la producción bruta menos la respiración.

Progresivo: i progressive. Dícese de las sucesiones que evolucionan en dirección hacia el clímax. Significa avance sucesional hacia la etapa de equilibrio o clímax.

Psamosere: prisere originada en arena o duna.

Ramonear: i browsing. Cosecha y consumo directo de tejido vegetal por herbívoros proveniente de plantas leñosas, tales como árboles, arbustos o matas.

Radical: perteneciente o relativo a la raíz.

Radicular: perteneciente o relativo a la radícula.

Rapidez de avance: es la utilización rotativa de pradera. Rapidez de avance es el tiempo que transcurre entre dos períodos consecutivos de utilización de la misma pradera o sector de ella.

Residente: i resident. Organismos que, aunque no son nativos han migrado previamente al lugar, se desarrollan naturalmente en él y se comportan como nativos. Incluye además a los nativos.

Retardo: i lag. Lapso de tiempo que transcurre para que un ecosistema que ha sido sometido a una acción produzca la reacción.

Retrogresiva: i retrogresive. Dícese de las sucesiones cuyas modificaciones bióticas y abióticas la alejan cada vez más del clímax o etapa de equilibrio sucesional. Es lo opuesto de progresiva.

Riqueza florística: f richesse floristique. Diversidad de la flora o número de la zona inventariada.

Secundaria: i secondary. Sucesión secundaria. Subsere.

Selectividad: clase de cambios florísticos, estructurales, fisionómicos y abióticos que se producen al cambiar la condición de acuerdo a influencias autógenas y heterógenas.

Senil: perteneciente a los viejos o a la vejez.

Sere: i sere. Conjunto de etapas sucesionales que se producen en un mismo lugar y que concluyen en el clímax.

Simbosia: i symbiosis. Varios tipos de consortismos que incluyen mutualismo, protocooperación y comensalismo.

Sinecología: i synecology. Estudio de la estructura, desarrollo y distribución de comunidades vegetales y animales con su hábitat.

Sinusia: i synusia. Agregado social consistente en una o varias formas vitales muy similares que se presentan juntas en una pradera.

Sitio: i site. Áreas abióticamente homólogas dentro de una región natural. Unidad de paisaje con una potencialidad determinada de producción de cierta cantidad, calidad y vegetación.

Sociabilidad: i sociability. Grado de agregación de los animales y vegetales en la naturaleza.

Subclímax: i subclimax. Etapa de equilibrio preclimáxico que se prolonga indefinidamente debido a una limitante autógena de la biocenosis.

Subsere: i subsere. Sucesión secundaria. Todos aquellos seres que se originan en lugares originalmente cubiertos de vegetación.

Sucesión: i succesion. Proceso de modificación de la biocenosis que ocurre a través del tiempo y para un mismo lugar, pero inducido directamente por factores autógenos.

Taxa: grupo de organismos uniformes. Puede referirse a especies, ecotipo, biotipo, ecoclino, etcétera.

Tejido vegetal útil: forraje que puede ser retirado de una biocenosis por los herbívoros, sin sobrepasar los límites del uso adecuado de la pradera.

Terófita: i terophyte. Organismos vegetales que completan su ciclo vital durante el año y escapan a los periodos desfavorables en forma de semillas.

Tolerancia: i tolerance. Magnitud de los rangos de un factor entre los cuales una población u organismo puede prosperar en un ambiente.

Totora: i catail. Plantas acuáticas emergentes que corresponden a la especie *Typha angustifolia.*

UAA: Unidad Animal Año. Unidad animal durante un año.

UA: i AU. Unidad Animal. Alimento necesario para mantener una vaca madura de 500 kg con o sin ternero sin destetar a su lado o su equivalente.

UAM: i AUM. Unidad Animal Mes. Unidad animal durante un mes.

UGB: alimento necesario para mantener una vaca de 600 kg que produce 3.000 L de leche al año. Es también equivalente a Scandinnavian fodder o a 2.250 equivalente de almidón.

Unidad de paisaje: sitio, área homóloga.

Uso adecuado de la pradera: i propper use of range. Grado máximo y época de utilización de la pradera que no causa mejoramiento ni empeoramiento de la condición.

Uso adecuado de una especie: i propper use of a species. Grado de utilización de una especie cuando la pradera como tal es completamente utilizada. Palatabilidad.

Vacío ecológico: i ecological vacuum. Principio por el cual al perderse o deteriorarse una especie original del ecosistema por pastoreo pesado el espacio es llenado por otra espacie natural o naturalizada.

Valor de la pradera: f valeur de prairie. Es la suma de las contribuciones específicas de las especies escogidas por el agricultor. Se expresa en porcentaje.

Valor pastoral: f valeur pastorale. Índice global de calidad de la pradera que resulta de considerar la calidad de las especies que la integran (IS) con la contribución específica (CE).

Valor pastoral óptimo: f valeur pastorale optimale. Es el valor pastoral donde la contribución específica de las especies no forrajeras se acumula y constituye un tope (VPO).

VPO: valor pastoral óptimo.

Valor relativo de importancia: i relative importance value. Índice de la preponderancia de una especie stand o asociación. Se presenta generalmente por la adición del valor de la frecuencia relativa y dominancia relativa (VAI).

Velocidad de la sucesión: magnitud de las modificaciones del ecosistema en las etapas sucesionales por unidad de tiempo.

Veranada: i summer range. Pradera que debido a sus características bióticas y abióticas puede ser utilizada o se utiliza solamente en el verano.

Vida silvestre útil: i wildlife. Animales de vida libre que luego de su captura por el hombre son utilizados como alimento.

Vitalidad: i vitality. Habilidad de completar normalmente su ciclo vital.

VRI: i RIV. Valor relativo de importancia.

Xerosere: i xerosere. Sere iniciada en un medio árido.

Yema: i bud. Estructura vegetal que contiene en su interior una inflorescencia o ramilla no desarrollada.

Zoocenosis: i zoocenosis. Conjunto organizado de animales o comunidad animal.

Zoómetro: tamaño y desarrollo de algún organismo animal que se utiliza como medida de comparación o medida de algún factor ambiental actuando separadamente o en conjunto.

BIBLIOGRAFÍA

ALLRED, B. D. 1950. Range condition classification as basic for range planning. J. Range Manage. 3:224.

ARNOLD, J. F. 1955. Plant life-form classification and its use in evaluating range condition and trend. J. Range Manage. 8: 176-181.

EAILEY, R. U. 1945. Determining trend of range watershed condition essential to success in management. Jour. Forestry 43: 733-737

BISUELL, H. H. 1956. Ecology of California grasslands. J. Range Manage, 9: 19-24

BLAIR, R. F. 1947. Range conditions. A classification of the grass-sagebrush range in the Mayfield Soil Conservation District. U.S. Dept. Agric. Soil. Cons. Services. Mayfield S.C.S. District. 13p.

BLYDENSTEIN, J.; C.R. HUNGERFORD, G.I DAY y R.R. HUMPHREY. 1957. Effect of domestic livestock exclusion on vegetation in the Sonoran Desert. Ecology 38: 522 a 526

BROUGHAM, R. M. 1960. The effect of frequency and intensity of grazing on the genotypic structure of a ryegrass population. N. Z. Jour Agro. Research. 3: 422-453

CANFIELD, R.M. 1948. Perennial grass composition as an indicator of condition of southwestern mixed grass ranges. Ecology. 29: 190-204.

CHOLIS, G. J. and F. SCHLOTS. 1950. Range condition and soil site classification by helicopter. J. Range Manage. 3:114-117

CLARY, W.P. 1964. A method for prediction potential herbage yield on the Saver Creek pilot watersheds. In: Forage plant physiology and soil relationships. Amer. Soc. Agronomic. A S A Spec. Pub. 5:244-250

CLARY, W.P., P.F. FOLLIOTT y A.D. ZANDER. 1966. Grouping sites by soil management areas and topography. U.S. Dept. Agric. Forest Service. Research Note RM - 60. 4p.

CLEMENTS. F.E. 1934. The relict method in dynamic ecology. Jour. Ecology 22: 39-68

CLEMENTS. F.E. 1936. Nature and structure of the climax. Jour. Ecology. 24:252-284

CLEMENTS. F.S. y V.E. SHELFORD. 1939. Bio-ecology. John Wiley. New York. 425p.

COCHRAN, W.G. 1973. Sampling techniques. New York. John Wiley and Sons, New York. 413p

COOK, C.W. y C.J. GOEBEL. 1962. The association of plant vigor with physical stature and chemical content of desert plants. Ecology. 43: 543-546

COOK, G.D. 1967. The pattern of autotrophic succession in laboratory microcosms. Bioscience 17: 717-721

COOLEY, J.H. 1972. Site requirements and yield of paper birch in Northam. Wisconsin. U.S. Forest Service. Lake State Forest Exp. Sta. Sta. Paper 105. 11p.

COSTELLO, D.F. 1945. Reading the range. Amer. Hereford Jour. 1(1).

COSTELLO, D.F. 1956. Factors to consider in the evaluation of vegetation condition. J. Range Manage 9:73-74

COSTELLO, D.F. y G.T. TURNER. 1941. Vegetation changes following exclusion of livestock from grazed ranges. Jour. Forestry 39: 310-315

COSTELLO, D.F. y G.T. TURNER. 1944. Judging condition and utilization of short grass ranges on the Central Great Plains. U.S.O.A. Farmers Bulletin 1949

COSTELLO, D.F. y H.S. SCHEAN. 1946. Condition and trend on Ponderosa pine ranges in Colorado. Rocky Mountains Forest and Range Exp. Sta. 33p.

COVARRUBIAS, R., I. RUBIO y F. di CASTRI. 1964. Observaciones ecológico-cuantitativas sobre la fauna edáfica de zonas semiáridas del norte de Chile. Universidad de Chile, Facultad de Medicina Veterinaria. Inst. Higiene y Fomento Producción Animal. Monografías sobre Ecología y Biogeografía de Chile, 2. 112 p.

CURTIS, J.T. y R.P. MCINTOSH. 1950. The interrelations on certain analytic and synthetic phytosociological characters. Ecology. 31: 434-455

DAGET, Ph. y J. Poissonet. 1969. Analyze phytodologique des prairies. Applications agronomiques. Centre National de Linchenchi scientifique. Centre d'etudes phytosociologiques et ecologiques, Montpellier, doc 48. 67p.

DAGET, Ph. y J. Poissonet. 1969. Une méthode d'analyse phytodologique des prairies. Annales agronomiques 22, 1: 5-41, Paris.

DIX, R.L. 1959. The influence of grazing on the thin soil prairies of Wisconsin. Ecology 40: 36-49

DOOLITTLE, W.T. 1963. Experience in site-evaluating methods for timber production. In: Range research methods. U.S. Dep. Agri. Miss. Pub. 940: 64-68

DUYER, D.D. 1958. Competition between forbs and grasses. J. Range Manage. 11: 115-118.

DYKSTERHUIS, E.J. 1946. The vegetation of Western Cross Timbers. Ecol. Monography. 18: 325-376.

DYKSTERHUIS, E.J. 1949. Condition and management of range land upon quantitative ecology. J. Range Manage. 2: 104-115.

DYKSTERHUIS, E.J. 1958. Ecological principles in range evaluation. Botanical Rev. 24: 253-272

ELLISON, L. 1949. The ecological basic for judging condition and range land. Jour. Forestry 47: 787-795.

ELLISON, L. 1960. Influence of grazing on plant succession of range lands. Bot. Review 26: 1-78.

ELLISON, L., A.R. CHOFT y R.W. BAILEY. 1951. Indicators of condition and trend on high range watersheds of Intermountain Region. U.S.D.A. Handbook 19. 66p.

FRACKER, S.S. y H.A. BRISCHLE. 1944. Measuring the local distribution of Ribes. Ecology 25: 283-303

GARDNER, J.L. 1950. Effect of thirty years of protection from grazing in desert grassland. Ecology 31: 44-50

GASTÓ, C. J. 1963. ¿Cómo está la salud de la pradera? El Campesino 95: 47-51.

GASTÓ, C. J. 1966. Variaciones de las precipitaciones anuales en Chile. Bol. Técnico. 24. Estación. Experimental. Agronómica. Universidad de Chile. 22 p.

GASTÓ, C. J. 1969. Comparative autecological studies of *Eurotia Ianata* and *Atriplex confertifolia*. Ph D dissertation. Utah State University, Logan. 278 p.

GASTÓ, C. J. 1979. Ecología. El hombre y la transformación de la naturaleza. Editorial Universitaria. Santiago, Chile

GASTÓ, C., J. y D. CONTRERAS T. 1970. Panorama de las praderas de secano en el sector centro-norte de la región mediterránea de Chile. El hombre en la zona árida del norte chileno. Primeras jornadas interdisciplinarias de estudio. Las Zonas Áridas del Norte Chileno. PLANDES. La Serena: 77-96.

GASTÓ, C. J. y N.S. WEST. 1970. Population dynamic studies of the causes of range condition and trend. Annual Meeting Amer. Soc. Range Management, Denver, Colorado. February 12, 1970.

GASTÓ, J; F. COSIO y D. PANARIO, 1993. Clasificación de ecorregiones y determinación de sitio y condición. Manual de aplicación a municipios y predios rurales. Red de Pastizales Andinos, CIID. Canadá. Edit. FEEP. Quito, Ecuador.

GASTÓ, J. y F. COSIO, 1995. Carta de Ecorregiones de Chile. Instituto Geográfico Militar, 1983. Modificado por Gastó y Cosio.

GODRON, H. *et al.* 1968. Code pour le relevé méthodique du la végétation et du milieu. C.N.R.S. Paris. 292 p.

GOEBEL, C.O. y C.U. COOK 1960. Effect of range condition on plant vigor, production and nutritive value of forage. J. Range Manage. 13: 307-313.

HAIRSTONE, N.G., F.E. SMITH y L.B. SLOGODKIN. 1960. Community structure, population control and competition. The Amer. Naturalist: 94: 421-425.

HANSEN, R.A. 1946. Range condition. A classification of grass-sagebrush range in the Weiser River soil conservation district. U.S. Dept. Agric. Weiser River Soil Conservation District, Weiser Idaho. 15 p.

HANSON, H.C. 1957. The use of basic principals in the classification of range vegetation. J. Range Manage. 10: 26-33.

HANSON, H.C., D. LOVE y M.S. MORRIS, 1931. Effect of different systems of grazing by cattle upon a western wheatgrass type of range. Colorado. Agric. Exp. Sta. Bull. 377. 82 p.

HARLAN, J.R. 1959. Plant exploration and the search for superior Germ plasm for grassland. Pp 3-11. In: Grasslands H.B. Sprague (ed.) Amer. Advancement Science. Public. 53. 406 p. Washington D.C.

HEADY, H.F. 1956. Evaluation and measurement of the California annual type. J. Range Management. 9: 25-27.

HEADY, H.F. 1956. Changes in a California annual plant community induced by manipulation of natural mulch. Ecology. 37: 798-812.

HEADY, H.F. 1958. Vegetation changes in the California annual type. Ecology. 39: 402-416.

HORTON, M.L., A, KADISH y R.M. LOVE. 1957. Differential effect of herbage removal on range species. J. Range Management. 10: 116-120.

HUMPHREY, R.R. 1947. Range forage evaluation by the range condition method. Jour Forestry. 45: 10-16.

HUMPHREY, R.R. 1949. Field comments on the range condition method of forage survey. J. Range Manage. 2: 1-10.

Hutchings, S.S. y G. Steward, 1953. Increasing forage yields and sheep production on Intermountain winter ranges. U.S. Dept. Agric. Cir. 925.

HYDER, D.N. 1953. Grazing capacity as related to range condition. Jour. Forestry 51: 206.

KEMP, E.B. 1937. Natural selection within species. Jour. Heredity 28: 329-337.

KLAPP, E. 1956. Wiesen und Weiden. Behandlung, Verbesserung und Nutzung von Gründlandflächen, 2. Auf. Berlin. 519 p.

KLEMMEDSON, J.O. 1956. Interrelations of vegetation, soils and range condition induced by grazing. J. Range Manage. 9: 134-138.

KLEMMEDSON, J.O. y R.B. MURRAY. 1963. Use and measurement of site factors and soil properties in evaluation of range site potential. In: Range research methods. U.S. Dept. Agric. Misc. Pub. 940: 68-77.

LAMPREY, H.F. 1963. Ecological separation of the large mammal species in the Tarangire game reserve, Tanganyika. East African Wildlife. 1: 63-92.

LEVEN, A.A. y H.E. DREGNE, 1963. Productivity of Zuni mountain forest soils. N. Max. Agric. Exp. Etn. Bull. 496. 30 p.

MALLIK, M.A.B. y E.L. RICE. 1966. Relation between soil fungi and seed plants in three successional forest communities in Oklahoma. Bot. Gaz. 1278: 120-127.

MARTIN, S.C. 1963. Grow more grass by controlling mesquite. Univ. Arizona, College Agriculture. Progressive Agric. In Arizona. 15: 15-16.

MARTIN, W.E., C. PIERCE y V.P. OSTERLI. 1964. Different nitrogen response of annual and perennial grasses. J. Range Manage. 17: 67-68.

MAYOR, J. 1951. A functional, factorial approach to plant ecology. 32: 392-412.

McMillan, C. 1959. The role of ecotype variations in the distribution of the central Ecological Monography. 29: 285-308.

MORGAN, W.E. y F.G. GREVER. 1940. Developmental morphology of the growing point of the shoot and the inflorescence in grasses. J. Agronomic Research. 16: 481-520.

MYERS, C.A. y J.L. VAN DEUSEN. 1960. Site index of ponderosa pine in the Black Hills from soil and topography. J. Forestry. 58: 548-555.

NAVEH, Z. 1960. Mediterranean grasslands in California and Israel. J. Range Manage. 13: 302-303.

NEILAND, B.M. y J.T. CURTIS. 1956. Differential responses to clipping of six prairie grasses in Wisconsin. Ecology. 37: 355-365.

ODUM, E.P. 1953. Fundamentals of ecology. U.S. Saunders. Philadelphia. 387 p.

ODUM, E.P. 1963. Ecology. Holt, Reinhart and Wisconsin. New York, Inc. 152 p.

OLIVARES, A. y J. GASTÓ. 1970. Subseres post-aradura de la estrata herbácea de la estepa de *Acacia caven* Mol. Primeras jornadas interdisciplinarias de estudio: Las zonas áridas del norte chileno. La Serena, Chile. 44 p.

OSBORN, S. 1956. Cover requirements for the protection of range site and biota. J. Range Manage. 9: 75-80.

PARKER, K.W. 1951. A method for measuring trend and range condition on National forest ranges. U.S.D. Forest Service Washington, D.C. 26 p.

PARKER, K.W. 1954. Application of ecology in the determination of range condition and trend. J. Range Manage. 7: 14-23.

PARKER, K.W. y S. V. MARTIN, 1952. The mesquite problem of southern Arizona ranges. U.S. Dept. Agric. Southwestern Forest and Range Experiment Station. Circular 988. 70 p.

PARKER, K.W. y P.V. WOODHEAD, 1944. What's your range condition? American Cattle Producer. 26: 8-11.

PETERSON, R.A. 1962. Factors affecting resistance to heavy grazing in needle and thread grass. J. Range Manage. 15: 183-189.

PICKFORD, G.D. 1942. Guides to determine range condition and proper use of mountain meadows in eastern Oregon. U.S. Dept. Agric. Forest Service. Pacific Northwest Forest and Range Exp. 5ta. 21 p.

PICKFORD, G.D. and E.H. RIED. 1942. Basis for judging grassland ranges of Oregon and Washington U.S.D.A. Circular. 655. 38 p.

POISSONET, J. 1965. Expression de la valeur fourragère des herbages de la Margeride. Centre Nationale du le richard Scientifique. Centre d'Et ides Phytosociologie et écologiques. Document d'éthologie. Studio local N°20. 10 p.

POTTER, L.C. and J.C. KRENETSKY, 1967. Plant succession with released grazing on New Mexico rangeland. J. Range Manage. 20: 145-151.

RANGE DIVISION, 1942. Some examples of depleted rangeland in the Pacific Northwest. U.S. dept. Agric. Soil Conservation Service, Portland, Oregon. 8 p.

RAUNKIAER, C. 1909. Formationsundersögele og' Formationsstatistik. Bot. Tidsskr. 30, 20 figures. 110 p.

REED, M.J. and R.A. PETERSON. 1961. Vegetation and cattle response to grazing on northern Great Plain range. U.S.D.A. Forest Service. Bull. 1252.

REID, ELBERT H. and G.D. PICKFORD. 1946. Judging mountain meadow condition in eastern Oregon and eastern Washington. U.S.D.A. Circular 748. 31 p.

RENNER, F.G. 1948. Range condition. A new approach to the management of natural grazing land. Proc. Inter-Amer. Conf. on Conservation Renewable Resources. Denver, Colorado. 527-534.

REYNOLDS, H.G. y F.M. TSCHIRLEY. 1963. Mesquite control on southwestern rangelands. Leaflet. 421. 8p.

RODRÍGUEZ, Z.M. 1959-1960. Regiones naturales de Chile y su capacidad de uso. Agric. Tec. Chile. 15: 593-596.

SAMPSON, A.W. 1917. Successions as a factor in relation to range management. Journal Forestry 15: 593-596.

SAMPSON, A.W. 1919. Plant successional in relation to range management. U.S.D.A. Bul. 791.

SCHWAN, M.E. D.J. HODGES y C.N. WEAVER, 1949. Influence of grazing and mulch on forage growth. J. Range Manage. 2: 142-148.

SHORT, L.R. y E.J. WOOLFOLK. 1956. Plant vigor as a criterion of range condition. J. Range Manage. 9: 66-69.

SMIKA, B.E., H.G. HAAS y G-A- ROGLER. 1963. Native grass crested wheat grass production as influenced by fertilizer placement and weed control. J. Range Manage. 16: 5-8.

SMITH, S.C. 1940. The effect of overgrazing and erosion upon the biota of the mixed grass prairie of Oklahoma. Ecology. 21: 381-397.

SOIL CONSERVATION SERVICE. 1962. Technicians guide to range site, condition classes and recommended stocking rates in soil conservation district of the foothill area of central Montana's 10-14" precipitation belt. U.S. Dept. Agric. Soil Conservation Service, Lincoln, Nebraska. 2p.

SOIL CONSERVATION SERVICE. 1965. Legend for range sites. U.S. Dept. Agric. Soil Conservation Service. Portland Oregon M-4377. 1p.

SORIANO, A. 1956. Aspectos ecológicos y pastoriles de la vegetación patagónica relacionada con su estado y capacidad de recuperación. Min. Agricultura y Ganadería, Argentina. Instituto de Botánica Agrícola. Publicación Técnica (Nueva Serie). 86: 349-372.

SPRAGUS, V.G. 1952. Maintaining legume sin the sward. Proc. 6th Int. Grass. Congress. 6: 443-449.

TALBOT, N.W. 1957. Indicators of southwestern range condition. U.S. Dept. Agric. Farmers Bull. 1782.

TANSLEY, A.G. 1935. The use and abuse of vegetation concepts and terms. Ecology. 16: 284-307.

TRIMBLE, G.R., h. 1964. An equation for prediction oak site index without measuring Soil Dept. Journal Forest. 62: 325-327.

THOMAS, G.U. y V.A. YOUNG. 1954. Relational soils, rainforest and grazing management to vegetation, Western Edwards Plateau of Texas. Texas Agric. Exp. 5ta Bull. 786.

UPSON, A., W. J. CRISBS and E.B. STANLEY. 1937. Occurrence of shrubs on range in areas in southeastern Arizona. Ariz. Agr. Exp. Sta. 30 p. (Broc).

VINALL, H.N. y A.T. SEMPLE. 1932. Unit days of grazing. Jour. Amer. Soc. Agronomic. 24: 836-837.

VOIGHT, J.W. y J.E. WEAVER. 1951. Range condition classes of native southwestern pastures; an ecological analysis. Ecol. Monography. 21: 30-60.

WEAVER, J.E. y F.E. CLEMENTS. 1938. Plant Ecology. 601 p.

WEAVER, J.E. y R.W. DARLAND. 1948. Changes in vegetation and production of forage resulting from grazing lowland prairies. Ecology. 29: 1-29.

WEAVER, J.E. y W.W. HANSEN. 1941. Native wild western pastures; their origin composition and degeneration. Nebraska Cons. Bull. 22-93 p.

WILSON, D.B. and W.S. Mc GUIRE. 1961. Effects of clipping and nitrogen on competition between three pasture species. Canada. J. Plant Sci. 41: 631-642.

WOOLFOLK, E.J. and J.N. REPPERT. 1963. Then and now: changes in California annual-type range vegetation. U.S. Dept. Agric., Forest Service. Pacific Southwest Forest and Range Experiment Station. Berkley. PSW-N24. 9p.

WORKMAN, J.P. y N.E. WEST. 1967. Germination of *Eurotia lanata* in relation to temperature and salinity. Ecology 48 659-661.

WORKMAN, J.P. and N.E. West. 1969. Ecotype variation of *Eurotia lanata* populations in Utah. Botanical Gazette. 130.